Izrada i moguće primjene analitičkog modela električnog stroja u ERP sustavu

dr. sc. Josip Nađ

**Izrada i moguće primjene analitičkog modela električnog stroja
u ERP sustavu**

Autor:

dr. sc. Josip Nađ

Recenzija:

prof. dr. sc. Mario Vražić
Sveučilište u Zagrebu, Fakultet elektrotehnike i računarstva

doc. dr. sc. Žarko Janić
Končar - Energetski transformatori d.o.o.

Izdavač:

Konex d.o.o.

Varaždin, 2020.

CIP zapis je dostupan u računalnome katalogu
Nacionalne i sveučilišne knjižnice u Zagrebu
pod brojem 001071328.

ISBN: 978-953-48612-0-2

Izrada i moguće primjene analitičkog modela električnog stroja u ERP sustavu

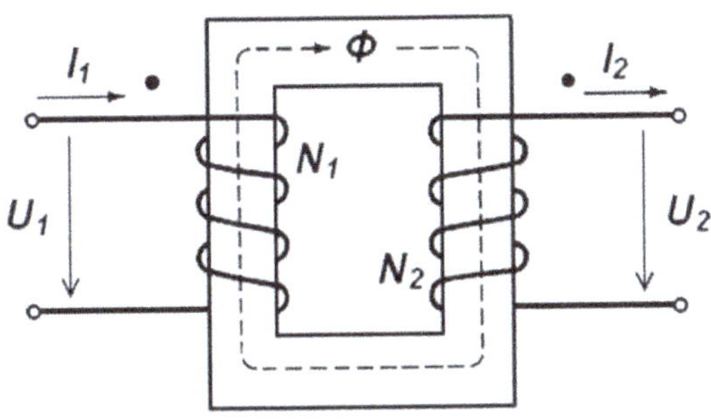

Varaždin, 2020.

Sadržaj

Predgovor

U knjizi su prikazani rezultati višegodišnjeg istraživanja obavljenog u svrhu autorovog doktorskog rada obranjenog na Fakultetu elektrotehnike i računarstva Sveučilišta u Zagrebu 2017. godine, pod mentorstvom prof. dr. sc. Maria Vražića (FER) i prof. dr. sc. Domagoja Hruške (EFZ):

„Unaprjeđenje procesa poslovnoga odlučivanja primjenom analitičkoga modela transformatora u softveru za planiranje resursa"

Obrađeno je pitanje mogućeg korištenja ERP-a u svrhe grubih analiza električkih strojeva, te su istražene mogućnosti objedinjavanja tehničkih i poslovnih funkcija u jedinstveni model. Potreba za ovom vrstom istraživanja je nastala zbog uočene potrebe za dodatnom pomoći menadžerima u proizvodnim poduzećima pri procesu donošenja odluka.

Prikazana je mogućnost korištenja poslovnog softvera za planiranje resursa u tehničke svrhe:

- *izrada specifičnih tehničkih proračuna*
  - *vektorski dijagram transformatora*
  - *statičke karakteristike asinkronih strojeva*
  - *izračun osnovnih dimenzija transformatora*
- *integracija rezultata tehničkih proračuna s tipičnim poslovnim analizama*
  - *analiza potreba za materijalima*
  - *planiranje proizvodnih kapaciteta*
  - *izračun proizvodne cijene*

Izrađen je model u poslovnom softveru koji sadrži sljedeće ključne elemente:

- *izračun parametara nadomjesne sheme transformatora i asinkronih strojeva na osnovu rezultata mjerenja*

- *izračun elemenata vektorskog dijagrama transformatora na osnovu poznatih parametara nadomjesne sheme*
- *izračun osnovnih dimenzija transformatora na osnovu postavljenih specifikacija i iskustvenih parametara*
- *izračun statičkih karakteristika asinkronih strojeva na osnovu poznatih parametara nadomjesne sheme*
- *integracija rezultata izračuna dimenzija transforatora u listu materijala radi definiranja potrebne količine osnovnih materijala*
- *integracija rezultata izračuna dimenzija transformatora u listu operacija radi definiranja potrebnih proizvodnih vremena glavnih aktivnosti*
- *integracija prethodnih rezultata u standardni poslovni proces za izračun proizvodne cijene transformatora*
- *integracija prethodnih rezultata u standardni poslovni proces za planiranje materijalnih potreba*
- *integracija prethodnih rezultata u standardni poslovni proces za planiranje proizvodnih kapaciteta*

Na kraju knjige je predstavljen način moguće projektne implementacije modela.

1.   UVOD

U poslovnoj literaturi se redovno naglašava da je odlučivanje najvažniji dio menadžerskog posla, da je odgovornost za odluke glavna odgovornost menadžera te da upravo sposobnost izbora najbolje opcije dijeli uspješne od neuspješnih menadžera [1], [2].

Uočene su četiri stvari koje se u literaturi izdvajaju po svom značaju kada je riječ o donošenju odluka, te su iste glavna ideja vodilja ove knjige i cijelog prethodnog istraživanja:

- donošenje odluka kao strateško pitanje
- informacija kao organizacijski resurs
- brzo odlučivanje kao posebna kategorija
- sveprisutni princip jednostavnosti.

Prema [3], u proizvodnim poduzećima donošenje odluka spada u strateška pitanja. Ako se u obzir uzme i spoznaja da proizvodnja ima ključnu ulogu u razvoju državne ekonomije, onda je jasna potreba za djelovanjem na proces donošenja odluka i ključne činitelje tom procesu.

Prema [1], informacija je postala ravnopravni organizacijski resurs (uz ljude, strojeve, novac, materijale i menadžment). Da bi ostvarili efikasno donošenje odluka, menadžeri moraju imati odgovarajući alat za praćenje informacija koje se odnose na trenutne i predstojeće poslovne događaje i procese. Svi raspoloživi podaci se trebaju sakupiti na jedinstvenom mjestu i analizirati na relativno lak i brz način te svakako moraju biti raspoloživi u pravom trenutku. Upotrebljiva poslovna informacija mora osigurati odgovarajuću sliku stvarnosti, te biti kompletna, konzistentna i relevantna. Svaka dodatna korisna informacija pružena u pravo vrijeme doprinosi olakšanju procesa odlučivanja te smanjuje rizik greške.

Prema [4], pritisak vremena na odlučivanje postaje toliki da se tzv. brzo odlučivanje izdvojilo u posebnu kategoriju. Uvjeti poslovanja se kontinuirano usložnjavaju i otežavaju odlučivanje, uz paralelnu potrebu za donošenjem odluka u sve kraćem i kraćem vremenu.

Imajući sve to uvidu, te polazeći od poznatog stava Isaaca Newtona da se istina uvijek pronalazi u jednostavnosti („Truth is ever to be found in the simplicity ...", *Rules for methodizing the Apocalypse, Rule 9*), ovo je istraživanje pokrenuto s ciljem iznalaženja niza korisnih rezultata koristeći princip maksimalne jednostavnosti.

Cjelokupno istraživanje je temeljeno na korištenju poslovnih sustava za planiranje resursa, za koje se u poslovnoj terminologiji udomaćio termin ERP [5]:

- ERP sustavi (Enterprise Resource Planning) su informacijski sustavi koji pored mogućnosti pristupa i obrade svih relevantnih podataka u poduzeću, omogućuju planiranje proizvodnje, usluga i resursa, te primjenu modela za upravljanje procesima poslovanja, pripreme i proizvodnje.

Konkretni ERP sustav koji se koristi u knjizi je SAP ERP.

1.1. Potreba za brzinom i jednostavnošću

Donošenje odluka je proces u kojem treba u određenom vremenu uzeti u obzir i obraditi mnoštvo opcija. Prethodna mnogobrojna istraživanja su ukazala na dvije bitne stvari:

- donositelji odluka koriste nesvjesne rutine pri suočavanju s kompleksnostima sadržanima u većini odluka [6],
- proces je načelno brži što je manji broj uključenih ljudi, i ako glavni akteri koriste odgovarajući, njima poznati alat [7].

U uvjetima kada su proizvodna poduzeća svakim danom pred rastućim izazovima za postizanjem sve brže proizvodnje sve boljih proizvoda sa sve nižom cijenom, donositelji odluka gotovo da nemaju pravo donošenja pogrešnih odluka. U želji da im se olakša rad i smanji broj ne tako dobrih odluka pojavila se kao ideja integracija svih informacija koje menadžeri trebaju znati u njihov „prirodni" alat, ERP poslovni softver. Početna pretpostavka kod korištena u knjizi je bila da se na proces donošenja odluka u poduzećima za proizvodnju električnih strojeva može pozitivno djelovati uključivanjem dodatnih tehničkih analiza i procedure grubog projektiranja u poslovni ERP sustav. Izazov koji se pojavio je bila spoznaja da je mogućnost korištenja ERP sustava za projektiranje i analizu električkih strojeva posve nepoznati teritorij, te je bila potrebna spremnost prihvaćanja pozitivnih i negativnih rezultata.

Općenito gledajući, menadžeri nisu dovoljno vješti u korištenju specijalnih inženjerskih programa, ali su zato više nego dovoljno osposobljeni za korištenje bilo koje vrste poslovnih ERP sustava. To postaje još više evidentno s korištenjem modernih dodataka, npr. SAP Fiori, koji omogućava korisnicima / menadžerima rad sa SAP ERP sustavom na tabletu, imajući pri tome potpuno prilagođene ekrane te sve procesne korake posebno definirane i prilagođene za njih. Takve mogućnosti mogu značajno olakšati proces donošenja odluka. Potreba za oformljivanjem nove procedure je vezana za spoznanju da menadžeri u proizvodnim poduzećima za svaku ozbiljniju analizu moraju tražiti pomoć od inženjera specijalista, koji onda korištenjem raznih specijalnih projektantsko tehničkih softvera dolaze do traženih informacija. Takav postupak traži vrijeme, ali također i ukazuje na menadžersku ovisnost o inženjerima specijalistima i o njihovoj raspoloživosti.

Primjer različitih vrsta specijaliziranih softvera koji se, osim ERP-a, koriste u proizvodnim poduzećima [3]:

- PDP (Product Development Process)
- PDM (Product Data Management)
- PLM (Product Life Cycle Management)
- CAD (Computer Aided Design)
- CAM (Computer Aided Manufacturing)
- CAE (Computer Aided Engineering)

Prilikom uobičajenog načina analiziranja rada električnih strojeva pomoću specijalističkih inženjerskih programa usredotočava se na elektromagnetske i osnovne mehaničke pojave. Analiziraju se statička i dinamička stanja, pri čemu se dinamika stroja opisuje naponskim i mehaničkim nelinearnim diferencijalnim jednadžbama. S druge strane, SAP ERP kao primjer visoko integriranog poslovnog programa je iznimno snažan u smislu ekstremno brzih obrada velikih količina podataka, ali je ograničen u naprednim matematičkim funkcionalnostima. On može riješiti „puno toga na jednostavan način", sustavnim i logičkim metodama u razmatranju velikog broja izbornih kriterija i njihovih povezanosti.

Provedba simulacija je jedna od bitnih svojstava SAP ERP softvera te je istraživanje tokom svih godina išlo većinom u tom smjeru. Istražene su sve raspoložive opcije simulacija, kako se ne bi djelovalo na „žive" podatke. Važno je istaknuti da su simulacije normalni integralni dio procesa donošenja odluka u industriji; među osam faktora koji mogu poboljšati proces donošenja odluka nalazi se i „snaga raspoloživih simulacijskih tehnika" [8]. Poslovne okolnosti se neprestano mijenjaju, konkurencija je sve oštrija, a cijela životna situacija sve kaotičnija. Poslovanje se mora tome prilagođavati odnosno sve se više uviđa potreba za situacijskim planiranjem i izradom različitih simulacijskih scenarija kojima se želi olakšati proces odlučivanja.

Jedna je od ključnih spoznaja da, bez obzira radi li se o pojedinačnom ili grupnom odlučivanju, uvijek jedna osoba odlučuje [9]. Zato je potrebno toj jednoj osobi pružiti svu moguću podršku i omogućiti joj primanje svih potrebnih informacija na jednom mjestu, u što kraćem vremenu. To je i stvarna uloga modela predstavljenog u ovom radu.

Bitno je ovdje spomenuti i četiri osnovna principa donošenja odluka navedena u [10], koji se odnose na pojedince kao donositelje odluka:

- ograničenost u obradi velikog broja različitih i kompleksnih podražaja
- korištenje različitih strategija za oslobođenje poslovanja od obrade informacija
- razvijanje pojednostavljenog razumijevanja realnosti
- korištenje mentalnih slika kao filtera za obradu dolazećih informacija

Svaki od ova četiri principa direktno potvrđuje prethodno uočenu i objašnjenu potrebu za kreiranjem novog integralnog modela za pomoć menadžerima pri donošenju odluka. Dodatna potpora je istraživanje objavljeno u [15], gdje je jasno zaključeno da Vrhunski menadžeri shvaćaju da ne smiju čekati na savršenu informaciju → nakon što dobiju 65 postotnu sigurnost informacije, oni donose odluku.

Na temu korištenja ERP sustava u poslovanju postoji veliki broj znanstvenih radova. U nastavku je navedeno nekoliko primjera:

- top menadžeri u proizvodnoj industriji smatraju da korištenje ERP sustava može sniziti operativne troškove [11]
- korištenje ERP sustava može pomoći i poboljšati donošenje odluka u poslovnom procesu [12]
- ERP poboljšava vidljivost podataka i unapređuje pravovremenost isporuka [13].

1.2.   Osnovna ideja predstavljena u knjizi

Istraživanje je zasnovano na dvije hipoteze:

- Standardna forma poslovnog softvera se može koristiti za grube analize i modeliranje energetskih transformatora i ostalih vrsta električkih strojeva
- Modeliranje pomoću poslovnog softvera je moguće provesti dovoljno kvalitetno da bi menadžment brzo stekao korektan uvid u proces projektiranja i proizvodnje

U sklopu istraživanja, prvo se pristupilo iznalaženju novih mogućnosti korištenja SAP ERP sustava za tehničke analize i proračune vezane uz transformatore i asinkrone strojeve:

- Izračun parametara nadomjesne sheme transformatora i asinkronog motora na osnovu rezultata mjerenja
- Kreiranje statičkih karakteristika asinkronih motora na osnovu nazivnih podataka i parametara nadomjesne sheme
- Izračun elemenata vektorskog dijagrama transformatora na osnovu poznatih parametara nadomjesne sheme
- Izračun osnovnih dimenzija energetskih transformatora na osnovu definiranih specifikacija

Nakon navedenih analiza i proračuna, nastavljeno je s formiranjem daljnjih postavki za unapređivanje procesa odlučivanja u tvornici transformatora:

- Analiza postojećeg načina korištenja SAP ERP-a u tvornici:

- Višerazinska proizvodna struktura
- Planiranje i praćenje proizvodnje
- Planiranje i praćenje proizvodnih troškova
- Izrada konfigurabilnog modela za brze procjene i analize
  - Jednorazinska proizvodna struktura
  - Konfiguracija transformatora temeljem prodajnog naloga
- Određivanje potrebnih elemenata temeljem konfiguracije
  - Izračun količine potrebnih glavnih proizvodnih materijala
  - Izračun količine potrebnih glavnih proizvodnih aktivnosti
- Poslovne analize
  - Ganttov dijagram
  - Izračun proizvodne cijene transformatora
  - Analiza raspoloživosti materijala
  - Analiza raspoloživosti proizvodnih kapaciteta
  - Izravnavanje proizvodnih kapaciteta (dispečiranje radnih naloga)

Završno poglavlje knjige predstavlja prijedlog potrebnih projektnih aktivnosti za izradu i uvođenje novog modela u tvornicu. Potrebno je provesti određene promjene koje se generalno mogu svrstati u tri kategorije:

- Promjene poslovnih procesa
- Promjene postojećih SAP ERP postavki
- Izrada menadžerskog portala s povezivanjem svih koraka novog modela

Određeni rezultati istraživanja su objavljeni u znanstvenim publikacijama [14], [15] i konferencijama [16].

Vezano za raspoložive ERP funkcionalnosti, korištena je opcija sa standardnim elementima tri SAP ERP modula:

- Planiranje proizvodnje (PP, Production Planning)
- Planiranje proizvodnih troškova (CO-PC, Product Cost Planning)
- Varijantna konfiguracija (LO-VC, Variant Configuration)

Korištenjem navedena tri modula postignuta je kompletna simulacijska slika proizvodnog dijela poslovanja s potrebnim elementima tehničkih proračuna. Bazirano na specifikacijama, iskustvenim faktorima i povijesnim podacima, kreiran je model za određivanje svih parametara potrebnih za grubu kalkulaciju potrebnih materijala i proizvodnog vremena.

Pri svemu tome je potrebno naglasiti da se u ovom istraživanju koristi pojednostavljeni model transformatora. Modeliranje se radi samo u svrhu određivanja osnovnih dimenzija, a ne i određivanja prenapona, te termičkih i mehaničkih parametara. U slučaju daljnjih istraživanja (prijedlog je predstavljen u poglavlju 6.4.), može se ići u pravcu izrade modela s više parametara, a moguće je i izabrati pravac izgradnje sučelja s nekim drugim tehničko-projektnim sustavima.

1.3.   Sažeti prikaz rezultata istraživanja

U knjizi su prikazani sljedeći glavni rezultati istraživanja

1. Analiza sposobnosti poslovnog softvera za planiranje resursa za matematičko modeliranje energetskih transformatora

2. Izrada i verifikacija analitičkog modela energetskih transformatora u poslovnom softveru za planiranje resursa

3. Model procesa poslovnog odlučivanja tvornice transformatora primjenom analitičkog modela transformatora u poslovnom softveru za planiranje resursa uzimajući u obzir raspoloživost proizvodnih kapaciteta

U nastavku će za svaki rezultat biti dano kratko objašnjenje i vizualni prikaz glavnih načinjenih koraka.

1.3.1.   Analiza sposobnosti poslovnog softvera za planiranje resursa za matematičko modeliranje energetskih transformatora

Istraživanje vezano uz prvi znanstveni doprinos je bilo usmjereno na formiranje pojedinačnih funkcija.

Pet glavnih vrsta izračuna za koje je istraživanje pokazalo sposobnost poslovnog softvera SAP ERP za matematičko modeliranje energetskih transformatora i asinkronih strojeva je prikazano na slikama 1.1 do 1.5:

- Izračun parametara nadomjesne sheme
- Izračun pogonskih parametara i točaka statičke karakteristike asinkronog stroja
- Izrada krivulje statičke karakteristike asinkronog stroja
- Izračun elemenata vektorskog dijagrama transformatora
- Izračun osnovnih dimenzija transformatora

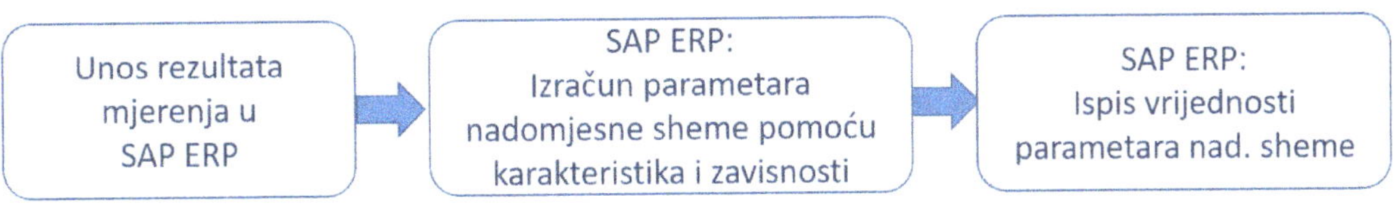

Slika 1.1: Od rezultata mjerenja do parametara nadomjesne sheme

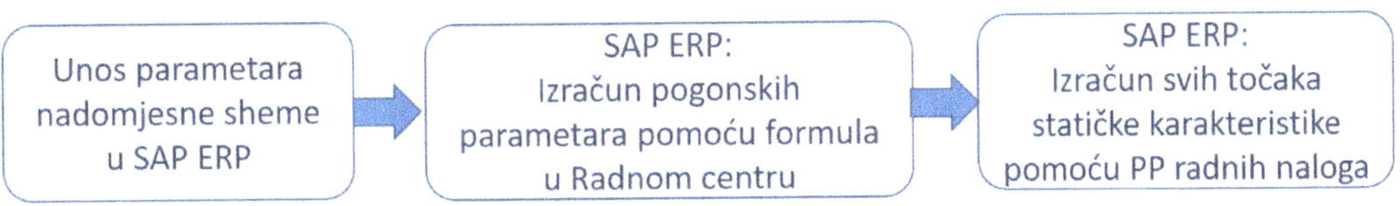

Slika 1.2: Od parametara nadomjesne sheme do statičke karakteristike

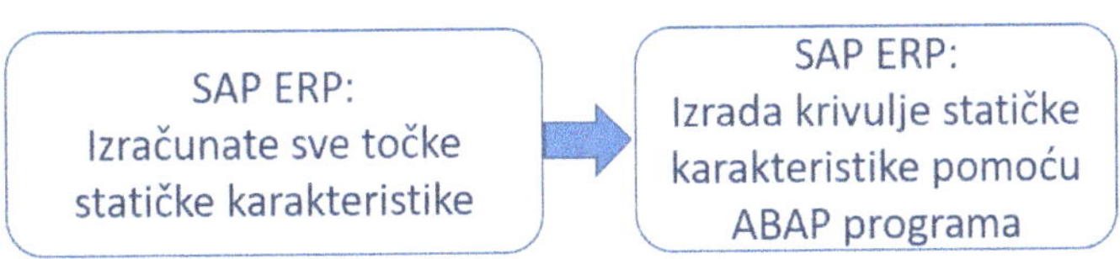

Slika 1.3: Od izračunatih točaka statičke karakteristike do krivulje

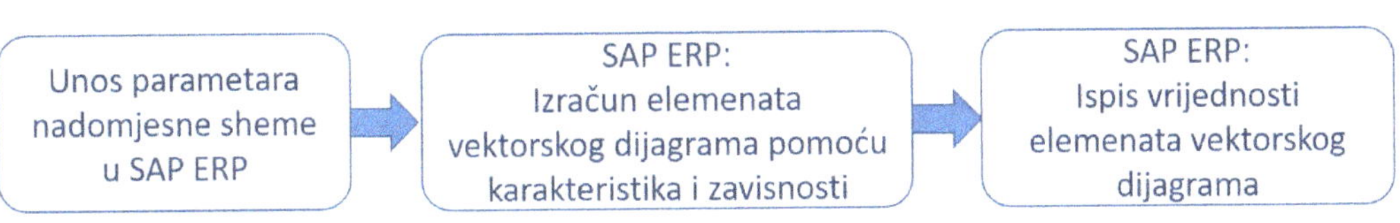

Slika 1.4: Od parametara nadomjesne sheme do elemenata vektorskog dijagrama

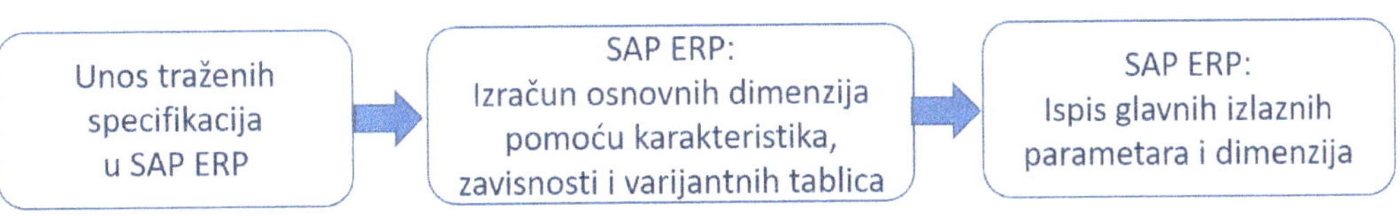

Slika 1.5: Od traženih specifikacija do glavnih dimenzija transformatora

Razvoj svih izračuna prikazanih na slikama 1.1 do 1.5 je rađen neovisno, dio po dio. Njihovo međusobno spajanje je rađeno kasnije, kao dio sljedećeg znanstvenog doprinosa.

1.3.2. Izrada i verifikacija analitičkog modela energetskih transformatora u poslovnom softveru za planiranje resursa

Istraživanje vezano uz drugi znanstveni doprinos je bilo usmjereno na formiranje modela s objedinjenim funkcijama.

Tri glavne grupe izračuna za koje je istraživanje pokazalo sposobnost poslovnog softvera SAP ERP za kreiranje kompletnog analitičkog modela je prikazano na slikama 1.6 do 1.8:

- Izračun elemenata vektorskog dijagrama transformatora
- Kreiranje statičkih karakteristika asinkronog stroja (moment i struja)
- Izračun potrebnih količina materijala i potrebnog vremena proizvodnje

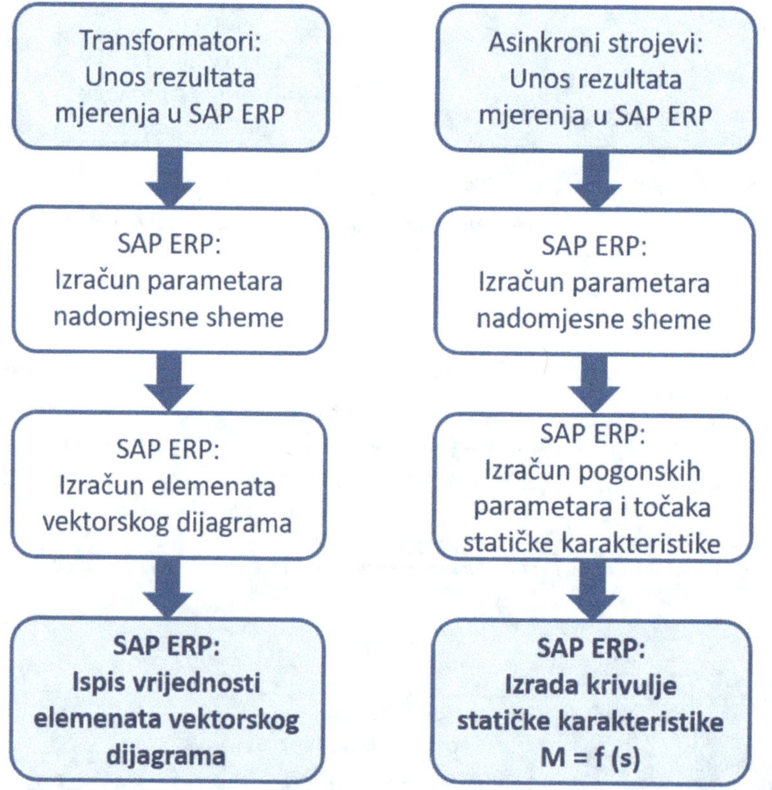

Slika 1.6: Od rezultata mjerenja do elemenata vektorskog dijagrama transformatora

Slika 1.7: Od rezultata mjerenja do krivulje statičke karakteristike asinkronog stroja

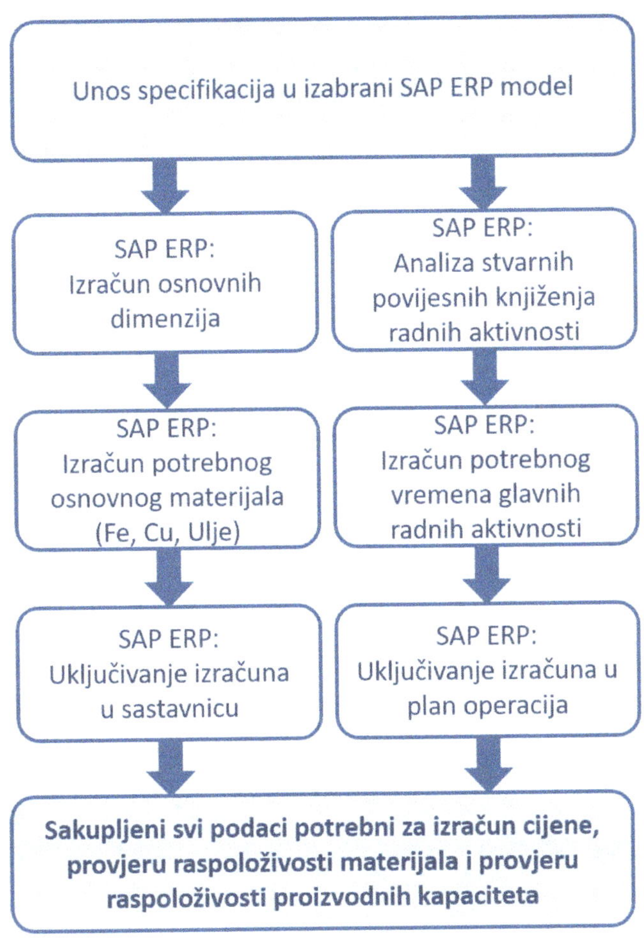

Slika 1.8: Od unosa specifikacija do dobivanja svih potrebnih podataka za poslovne analize

1.3.3. Model procesa poslovnog odlučivanja tvornice transformatora primjenom analitičkog modela transformatora u poslovnom softveru za planiranje resursa uzimajući u obzir raspoloživost proizvodnih kapaciteta

Istraživanje vezano uz treći znanstveni doprinos je bilo usmjereno na korištenje prethodno kreiranih modela s objedinjenim funkcijama u svrhu kreiranja integriranog tehničko-poslovnog modela, prikazanog na slici 1.9 (preuzeto iz [16]).

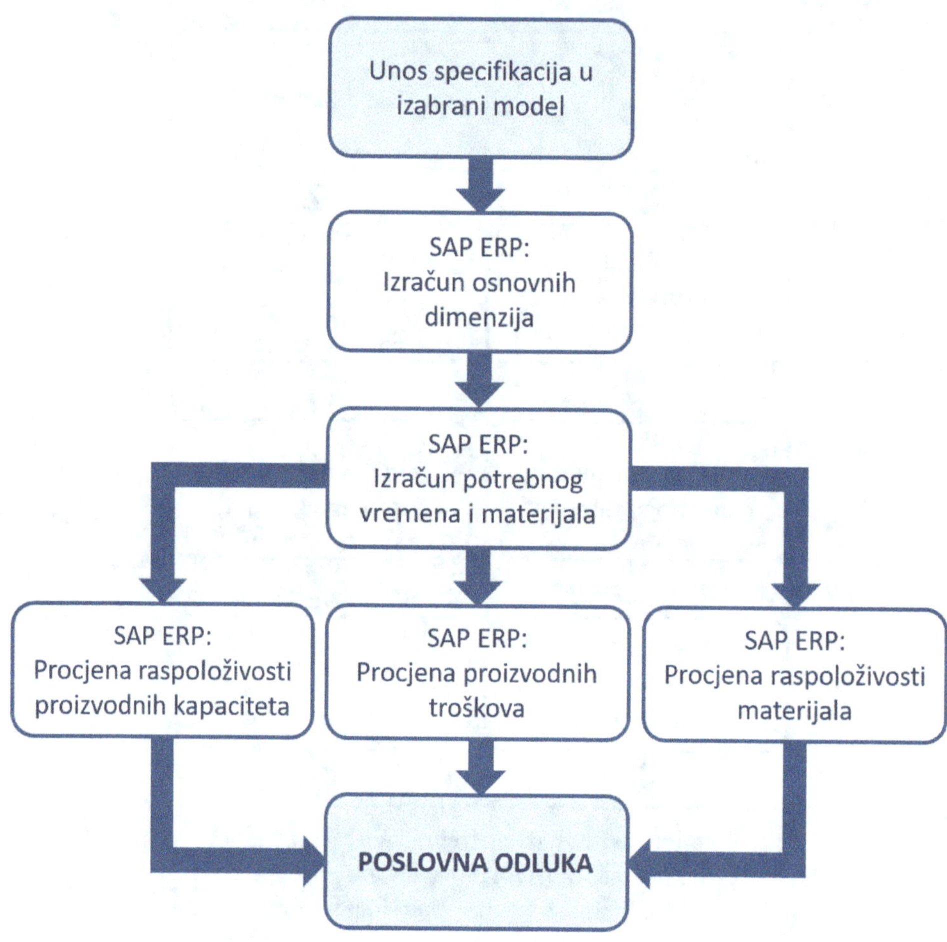

Slika 1.9: Od izračuna osnovnih dimenzija transformatora do poslovne odluke

Kreiranjem analitičkog modela transformatora u SAP ERP sustavu i njegovim povezivanjem s poslovnim procesima i analizama, postignuta je mogućnost da se na osnovu unosa traženih specifikacija, preko raznih izračuna, dođe do potrebnih količina materijala i vremena.

Potrebne količine materijala i vremena su ulazni podaci za tri poslovne analize: izračun cijene, provjeru raspoloživosti materijala i provjeru raspoloživosti kapaciteta. Navedene tri analize bi trebale biti dovoljna podloga menadžerima za kvalitetnu poslovnu odluku, što je krajnji cilj cjelokupnog istraživanja.

2. POSLOVNI SOFTVER U POSLOVANJU TVORNICE TRANSFORMATORA

Poslovni softver se načelno koristi za planiranje, izvršenje i analizu rada poslovnih subjekata. U slučaju tvornice transformatora koja je bila podloga ovom istraživanju, predmetni poslovni softver je SAP ERP.

Prije nego se krene s kreiranjem analitičkog modela transformatora u poslovnom softveru SAP ERP, potrebno je prikazati osnovna svojstva tog sustava, te definirati osnovne postulate ERP modela u primjeni kod proizvodnih poduzeća, a koji će se koristiti za potrebe ovog rada.

2.1. Standardni SAP ERP model

Poslovni softver omogućuje paralelno logističko i financijsko planiranje, logistička i financijska knjiženja te on-line praćenje svih troškova i ukupne profitabilnosti poduzeća.

Jednako kao što se za regulaciju brzine vrtnje električnih strojeva koristi rasprezanje električnih veličina u dva kanala (kanal uzbude i kanal armature), za regulaciju rada poduzeća se radi rasprezanje proizvodnih troškova na kanale direktnih i indirektnih troškova:

- direktnim troškovima se smatraju proizvodni materijal (sirovine, repromaterijal i ambalaža), rad proizvodnih linija i rad proizvodnih radnika
- indirektnim troškovima se smatra proizvodna režija (slika 2.1).

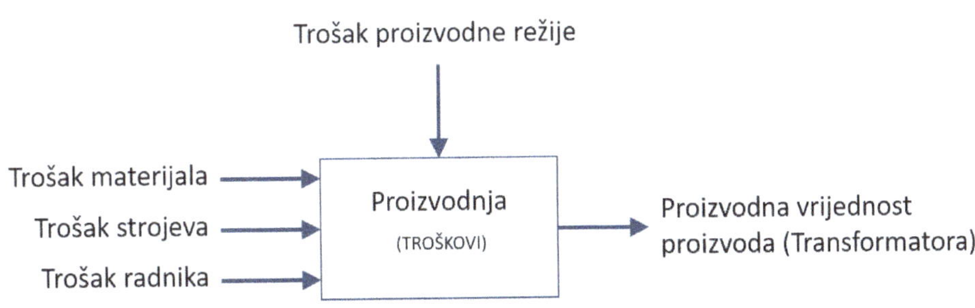

Slika 2.1: Osnovni ERP poslovni model

Rad proizvodnih linija i radnika se u izabranom SAP ERP sustavu vrednuje pomoću tipova aktivnosti, a indirektni troškovi se uglavnom određuju pomoću iskustvenih parametara te formiranjem „obrasca općih troškova". Alternativni način je korištenje „procesa" i metode bazirane na aktivnostima *(Activity Based Costing)* [17], [18].

Za korektno korištenje ERP modela, moraju se u sustav unijeti polazni parametri, svrstani u matične podatke i poslovne objekte: materijali, sastavnice, radni centri, planovi operacija, radne aktivnosti, mjesta troška, proizvodni nalozi i slično, što će biti opisano u sljedećim poglavljima.

2.1.1. Osnovni ERP postulati

ERP sustav koji se koristi kao podloga za istraživanje, zasniva se na pet osnovnih postulata vezanih za korektno planiranje i praćenje proizvodnih troškova.

ERP postulat 1: vrste proizvodnih troškova

Kod izračunavanja cijene izrade proizvoda proizvodni troškovi se dijele na tri glavne vrste:

- trošak materijala
- trošak proizvodnih aktivnosti
- trošak režije

ERP postulat 2: Planska cijena proizvodnih aktivnosti

Jedinična planska cijena proizvodnih aktivnosti se može izračunavati na dva načina:

- izračun po principu raspoloživog kapaciteta
- izračun po principu potrebnog kapaciteta

Izračun po principu raspoloživog kapaciteta znači:

- cijena rada proizvodnih linija se dobiva kao omjer planskih troškova proizvodnih linija (amortizacija, održavanje) i količine raspoloživih radnih sati proizvodnih linija
- cijena rada radnika se dobiva kao omjer planskih troškova radne snage (plaće radnika) i količine raspoloživih radnih sati radnika.

Izračun po principu potrebnog kapaciteta znači:

- cijena rada proizvodnih linija se dobiva kao omjer planskih troškova proizvodnih linija i količine potrebnih (procijenjenih) radnih sati proizvodnih linija
- cijena rada radnika se dobiva kao omjer planskih troškova radne snage (plaće radnika) i količine potrebnih (procijenjenih) radnih sati radnika.

ERP postulat 3: Planski režijski troškovi

Iznos planskih režijskih troškova kojim se opterećuje proizvod se može izračunavati na dva načina:

- konvencionalna metoda (relativni dodatak na troškove materijala i rada)
- metoda bazirana na aktivnostima (*Activity Based Costing*)

Izračun po konvencionalnoj metodi znači da se iznos proizvodne režije dobiva dodavanjem određenog iznosa izračunatog relativno u odnosu na procijenjene troškove materijala i proizvodnih aktivnosti.

Izračun po metodi baziranoj na aktivnosti znači da se iznos proizvodne režije dobiva dodavanjem procijenjenih radnih aktivnosti režijskih procesa.

ERP postulat 4: Potrebni radni sati

Količina potrebnih (procijenjenih) radnih sati proizvodnih linija i radne snage se izračunava na osnovu količine proizvoda koji se mora proizvesti i postavljenih normativa rada.

ERP postulat 5: Potrebni materijal

Količina potrebnog materijala za proizvodnju se izračunava pomoću četiri osnovna faktora:

- potrebe / zahtjevi za gotovim proizvodima
- postojeća zaliha proizvodnih materijala
- normativ potrebnog materijala
- parametri planiranja

Na osnovu usporedbe zahtjeva za proizvodima i postojeće zalihe proizvoda te pomoću postojećih normativa materijala i trenutne zalihe svih komponenti, izračunava se količina materijala koji se mora nabaviti od dobavljača. Prikaz svih postulata na „tehnički" način je dan na slici 2.2.

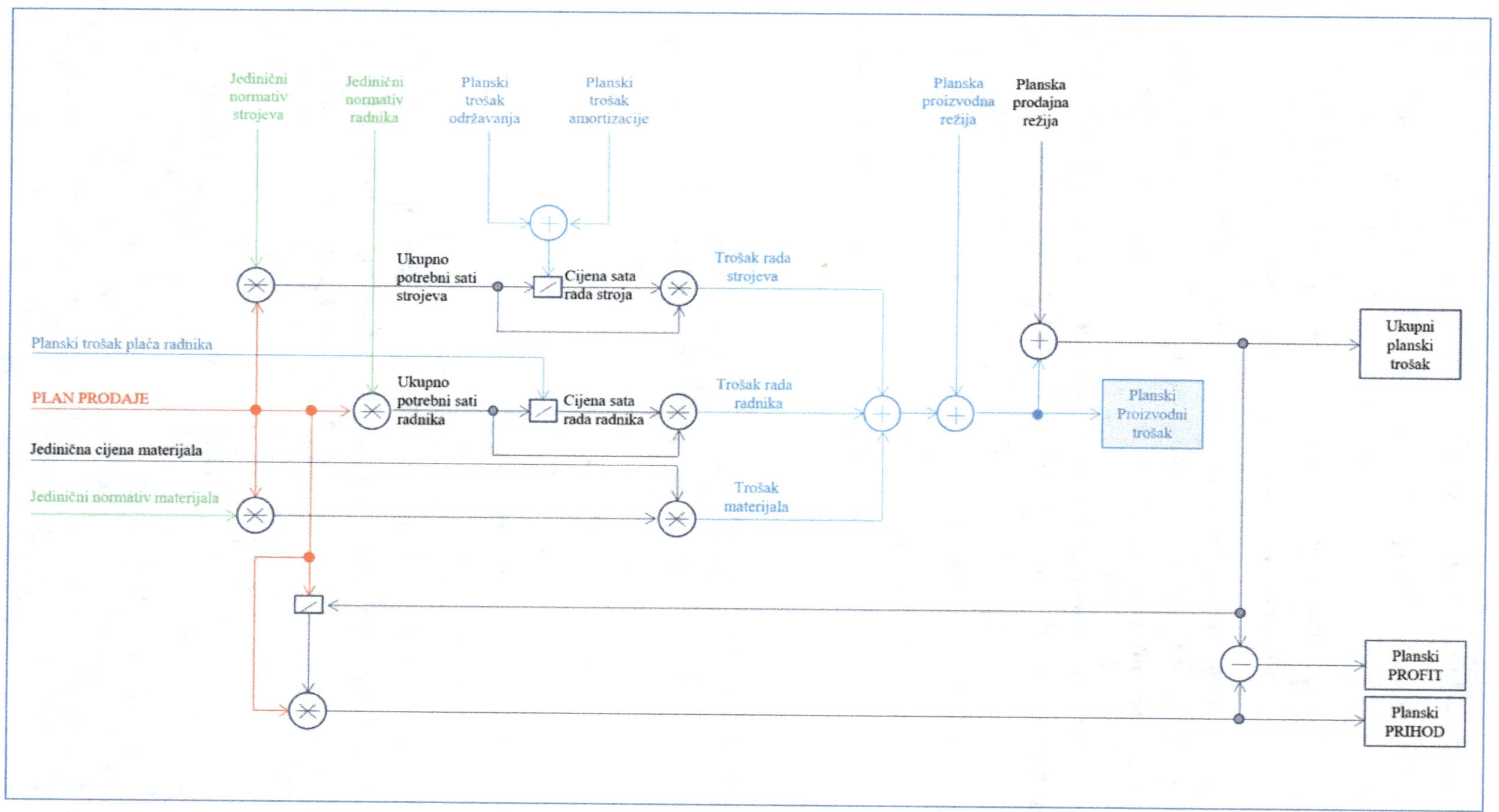

Slika 2.2: Prikaz ERP modela

Sve uvijek kreće od prodaje i njihovog plana. Kada se razmatra planiranje, onda se plan prodaje „množi" s normativima rada i materijala.

U slučaju proizvodnih aktivnosti, rezultati se koriste za izračun planskih cijena aktivnosti, te kasnije i za ukupni planski trošak aktivnosti. U slučaju materijala, rezultat odmah, na osnovu postojećih planskih cijena materijala, daje ukupni planski trošak materijala.

S dobivenim planskim direktnim troškovima se zbrajaju indirektni troškovi, odnosno planski troškovi proizvodne režije i tako se dolazi do ukupnih planskih proizvodnih troškova za polazni plan prodaje.

Ako se račun nastavi na isti način, na ukupne planske proizvodne troškove se zbrajaju planski troškovi prodajne režije, te se dobivaju ukupni planski troškovi, ukupni planski prihod i ukupni planski profit.

2.1.2. Osnovne ERP funkcionalnosti

SAP ERP sustav u potpunosti pokriva sve relevantne poslovne procese u proizvodnim poduzećima:

- Razvoj proizvoda
- Financijsko računovodstvo
- Interno računovodstvo (Kontroling)
- Grubo planiranje prodaje i proizvodnje
- Operativno planiranje proizvodnje
- Praćenje izvršenja proizvodnje
- Nabava potrebnog materijala
- Skladišno poslovanje
- Prodaja gotovih proizvoda
- Pomoćni procesi (Održavanje proizvodnih pogona, Osiguranje kvalitete)

U sklopu ovog istraživanja, koriste se sljedeće funkcionalnosti:

- Varijantna konfiguracija (dio procesa "Razvoj proizvoda")
- Izračun cijene proizvoda (dio procesa "Interno računovodstvo")
- Planiranje materijalnih potreba (dio procesa "Operativno planiranje proizvodnje")
- Planiranje kapaciteta (dio procesa "Operativno planiranje proizvodnje")
- Proizvodni nalozi (dio procesa "Praćenje izvršenja proizvodnje"

Svih pet funkcionalnosti će biti kratko opisane u nastavku.

Varijantna konfiguracija

Varijantna konfiguracija se koristi za lakše definiranje složenih proizvodnih struktura. U sustav se uključuju tzv. objektne zavisnosti, te se putem osnovnih matematičkih i logičkih operacija izvodi izračunavanje svojstava određenih karakteristika. Prilikom korištenja varijantne konfiguracije u sklopu ERP sustava, osnovni je cilj smanjivanje ukupno potrebnih šifri materijala, jer se pomoću ove funkcionalnosti može koristiti jedan generički materijal za više stotina mogućih kombinacija parametara.

U slučaju ovog istraživanja, varijantna konfiguracija se koristi za izračunavanje vrijednosti potrebnih karakteristika prilikom formiranja analitičkog modela.

Izračun cijene proizvoda

Izračun cijene proizvoda se radi temeljem postavljenih proizvodnih matičnih podataka (sastavnica i plan operacija), temeljem postavljenih cijena materijala i podešenih parametara za rad internog računovodstva (struktura proizvodne režije, vrijednost tipova aktivnosti).

U slučaju ovog istraživanja, izračun cijene proizvoda se koristi za izračunavanje cijene konfiguriranog transformatora na bazi jednorazinske sastavnice.

Planiranje materijalnih potreba
(MRP, *Material Requirements Planning*)

Funkcionalnost planiranja materijalnih potreba počinje na osnovu prodajnih zahtjeva formiranih u obliku plana prodaje ili prodajnih naloga. Prilikom korištenja MRP postupka u sklopu ERP sustava, radi se obrada plana prodaje ili prodajnih naloga, te se na osnovu izabrane strategije planiranja i postavljenih parametara dolazi do potrebnih količina za proizvodnju i potrebnih količina za nabavu.

U slučaju ovog istraživanja, MRP se koristi za provjeru raspoloživosti osnovnih materijala nakon kofiguracije transformatora, te kao prvi korak u proceduri planiranja proizvodnih kapaciteta (kreiranje planskih naloga za proizvodnju).

Planiranje kapaciteta (CRP, Capacity Requirements Planning)

Funkcionalnost planiranja potreba za kapacitetima počinje na osnovu rezultata MRP-a i kreiranih planskih proizvodnih naloga. Prilikom korištenja CRP postupka u sklopu ERP sustava, radi se provjera raspoloživosti proizvodnih kapaciteta, na način da se kreirani planski (ili radni) proizvodni nalozi raspoređuju (dispečiraju) na radne centre u intervalima u kojima ne postoji zauzeće kapaciteta.

U slučaju ovog istraživanja, CRP se koristi za provjeru raspoloživosti kapaciteta nakon provedenog MRP-a za konfigurirani transformator, bazirano na jednorazinskoj sastavnici.

Proizvodni nalozi

Proizvodni nalozi su osnovni proizvodni dokument. Na osnovu njih se u proizvodnju prenose podaci o potrebnim proizvodnim količinama, potrebnim radnim centrima, potrebnim ulaznim materijalima (sirovine i ambalaža) te o planiranim proizvodnim datumima. U slučaju potrebe, na proizvodne naloge se mogu vezati i svi ostali proizvodni parametri (crteži, podaci kvalitete, zahtijevani radni uvjeti, ...) potrebni da proizvodni pogon i sami radnici imaju pred sobom sve detalje budućeg proizvoda.

Prilikom korištenja proizvodnih naloga u sklopu ERP sustava, svi proizvodni podaci tokom i nakon izvršene proizvodnje se bilježe na predviđena mjesta u proizvodnim nalozima (početak i završetak pojedine operacije, korišteni radni centri i operateri, korišteni materijal, stvarni uvjeti tokom proizvodnje, izmjereni kvalitativni parametri, ...).

U slučaju ovog istraživanja, proizvodni nalozi se koriste za potrebe simulacije statičkih karakteristika asinkronih strojeva, te kao podloga za planiranje kapaciteta (nakon pretvorbe planskih u radne proizvodne naloge).

2.1.3.   Matični podaci ERP sustava

Matični podaci su termin koji se koristi za osnovne podatke u poslovanju, npr. materijali, kupci, dobavljači, ...

Glavni matični podaci koji su potrebni za svrhe planiranja proizvodnje i troškova [19] se mogu svrstati u dvije grupe:

- Financijski   ...   mjesta troška, troškovni elementi i tipovi aktivnosti
- Logistički   ...   radni centri, materijali, sastavnice i planovi operacija

Matični slog materijala

Matični slog materijala sadrži sve podatke o materijalima koji se vode u skladišnom poslovanju, tj. materijale koji se nabavljaju, proizvode, skladište i prodaju. Potpuno definirani matični slog materijala sadrži parametre za planiranje, skladišnu i financijsku evidenciju, izvještavanje, nabavu, prodaju, ...

U slučaju ovog istraživanja, materijali se kao objekti koriste u sljedećim situacijama:

- kao simulacijski parametri kod asinkronih i istosmjernih strojeva (klizanje, struja armature i brzina vrtnje)

- kao konfiguracijski objekti kod analitičkog modela transformatora
- kao osnovne komponente transformatora za provjeru raspoloživosti materijala

Sastavnice

Sastavnice sadrže normativni popis materijala potrebnih za proizvodnju proizvoda. Sastoje se od zaglavlja i popisa stavaka koji čine potrebne količine određenih vrsta materijala nužnih za proizvodnju. Sastavnica je osnova za nabavu materijala od dobavljača, za planiranje proizvodnje te za izračun cijene proizvoda.

U slučaju ovog istraživanja, sastavnice se kao objekti koriste u sljedećim situacijama:
- kao normativni popis potrebnih materijala za konfigurirani transformator
- kao osnovna podloga za izračun cijene konfiguriranog transformatora
- kao osnovna podloga za MRP i provjeru raspoloživosti materijala

Radni centri

Radni centri se koriste za izvršenje operacija prilikom proizvodnje. Svaki radni centar ima svoj kapacitet strojeva, radne snage, energije i ostalih potrebnih proizvodnih parametara. Za njih se mogu vezati formule za proračun vremena obrade, troškova i kapaciteta. Svaki radni centar je obavezno dodijeljen odgovornom mjestu troška preko kojega se određuju nazivne cijene rada strojeva i ljudi, proizvodnih energenata i ostalih parametara koji se trebaju uključiti u izračun proizvodne cijene.

U slučaju ovog istraživanja, radni centri se kao objekti koriste u sljedećim situacijama:
- kao podloga za simulacijske izračune statičkih karakteristika asinkronih strojeva
- kao osnovna podloga za CRP i provjeru raspoloživosti kapaciteta

Planovi operacija

Planovi operacija (postupnici) sadrže tehnološke podatke koji definiraju proces izrade nekog materijala, počevši od popisa potrebnih operacija i radnih centara koji se koriste u pojedinoj operaciji, pa do detalja svake operacije (osnovna proizvodna količina te vrijeme pripreme, izrade i raspremanja stroja za svaku operaciju). U slučaju ovog istraživanja, planovi operacija se kao objekti koriste u sljedećim situacijama:
- kao podloga za simulacijske izračune statičkih karakteristika asinkronih strojeva
- kao osnovna podloga za izračun cijene konfiguriranog transformatora
- kao osnovna podloga za CRP i provjeru raspoloživosti kapaciteta

Tipovi aktivnosti predstavljaju jediničnu cijenu svih proizvodnih aktivnosti (podešavanje stroja, rad radnika, rad proizvodnih linija, raspremanje stroja, …). Na osnovu normativnih radnih vremena i definiranih jediničnih cijena tipova aktivnosti sustav izračunava plansku cijenu proizvoda, a na osnovu stvarno utrošenih radnih sati i jediničnih cijena, sustav izračunava stvarnu proizvodnu cijenu.

U slučaju ovog istraživanja, tipovi aktivnosti se kao objekti koriste u sljedećim situacijama:

- kao podloga pri definiranju formula za simulacijske izračune statičkih karakteristika asinkronih strojeva
- kao osnovna podloga za izračun cijene konfiguriranog transformatora

2.2.   Višerazinska struktura energetskih transformatora

Transformatori su naprave koje na principu elektromagnetske indukcije pretvaraju izmjenični sustav napona i struja jednih veličina u druge iste frekvencije.

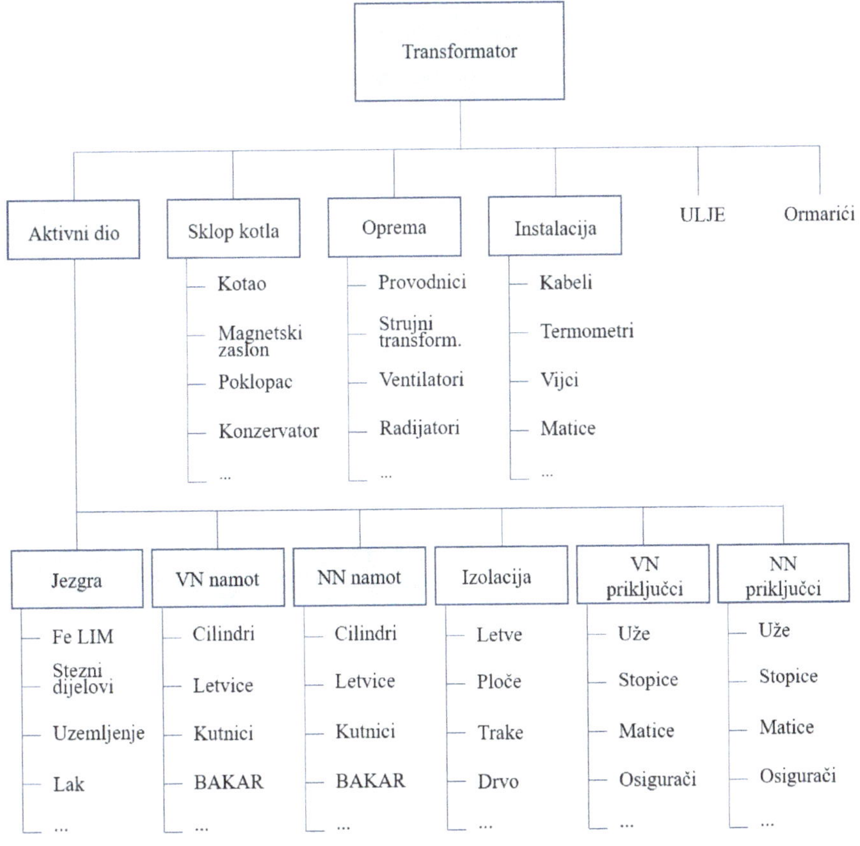

Slika 2.3: Uobičajeni ERP prikaz strukture transformatora

Obično imaju dva odvojena namota, primarni i sekundarni od kojih prvi prima električnu energiju iz generatora ili električne mreže te je pomoću magnetskog polja prenosi na sekundarni namot i predaje priključenom trošilu ili mreži.

Transformator se sastoji od aktivnog dijela, kotla, opreme i konstrukcijskih dijelova. Uobičajeni ERP prikaz strukture transformatora je dan na slici 2.3.

2.2.1. Konstrukcija energetskih transformatora

Jezgra

Transformatorska jezgra omogućava magnetski tok međusobno povezujući električne krugove. Jezgra je načinjena od tankih, međusobno izoliranih, željeznih limova koji se slažu na način da se dobije okrugli presjek:

Slika 2.4: Presjek stupa jezgre

Jezgra se sastoji od stupova koji nose namote i iz jarmova koji povezuju stupove. Otvori između stupova i jarmova se zovu prozori, a služe za smještaj namota.

Namoti

Namoti formiraju električni krug transformatora. Njihova konstrukcija mora omogućiti siguran rad pod normalnim i ne-normalnim uvjetima. Moraju biti električki i mehanički dovoljno jaki da izdrže prenapone tokom prijelaznih stanja i sile tokom kratkog spoja.

Sustav izolacije namota je ekstremno bitan za dugovječnost transformatora. I najmanja slabost sustava izolacije može rezultirati kvarom transformatora.

Elementi sustava izolacije su:

- izolacija između pojedinih dijelova jednog namota
- izolacija između pojedinih namota jedne faze
- izolacija između faza
- izolacija namota prema jezgri

Kotao

Aktivni dio transformatora (jezgra i namoti) je smješten u metalnom transformatorskom kotlu. Kotao u širem smislu obuhvaća kotao za smještaj ulja, poklopac s provodnim izolatorima i konzervator. Aktivni dio transformatora je spojen s poklopcem, a pri stavljanju u kotao jezgra sjeda na dno kotla.

Oprema

Oprema transformatora ima vitalnu ulogu u omogućavanju ispravnog rada aktivnog dijela transformatora. Najvažnija oprema:

- provodni izolatori
- regulacijske sklopke
- Buchholz releji
- termometri
- indikatori
- strujni transformatori
- konzervator

2.2.2. Proces proizvodnje transformatora

Proizvodnja transformatora [20] se obavlja u sljedećim fazama:

- slaganje jezgre
- priprema namota
- priprema kotla (kotao se obično proizvodi u zasebnim tvornicama)
- sklapanje aktivnog dijela
- montaža transformatora
- pakiranje transformatora

Grubi shematski prikaz postupka i povezanosti dijelova procesa je dan na slici 2.5.

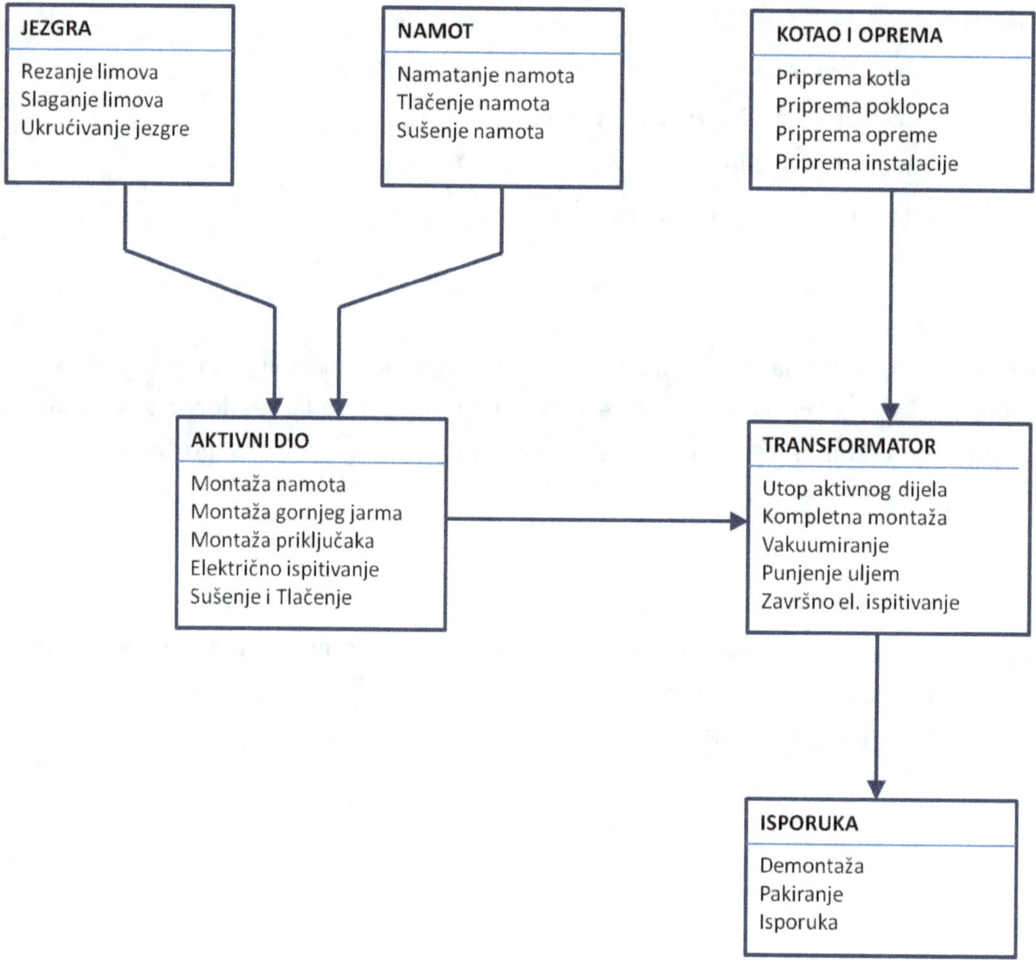

Slika 2.5: Grubi prikaz proizvodnog postupka transformatora

Slaganje jezgre

Glavne faze procesa slaganja jezgre su sljedeće:

- rezanje limova (slika 2.6)
- obrada rubova
- slaganje limova (slika 2.7)
- ukrućivanje
- postavljanje jezgre u uspravni položaj

Slika 2.6: Rezanje limova [21]

Slika 2.7: Slaganje limova [21]

Priprema namota

Glavne faze procesa pripreme namota su sljedeće:

- namatanje namota (slika 2.8)
- sušenje namota
- tlačenje namota

Slika 2.8: Namatanje [21]

Montaža aktivnog dijela

Proces montaže aktivnog dijela (slika 2.9) se odvija u sljedećim fazama:

- montaža namota na jezgru
- montaža gornjeg jarma
- montaža poklopca
- montaža regulacijske sklopke

Slika 2.9: Montaža aktivnog dijela [21]

Završno podešavanje aktivnog dijela

Pod završnim podešavanjem se smatraju sljedeće faze:

- sušenje aktivnog dijela
- tlačenje aktivnog dijela

Priprema kotla i opreme

Transformatorski kotao se obično ne proizvodi u istoj firmi gdje se proizvode transformatori, te se on mora posebno naručivati i nakon zaprimanja posebno pripremati za montažu, zajedno sa svom ostalom opremom koja se kupuje i montira na transformator.

Završna montaža

Faze završne montaže su:

- utop aktivnog dijela
- montaža dijelova i opreme
- vakuumiranje
- punjenje uljem

Slika 2.10: Spuštanje aktivnog dijela u kotao [21]

Završna električna ispitivanja

Na potpuno sklopljenom transformatoru se provodi završno ispitivanje na proboj te redovna standardna mjerenja otpora namota, mjerenje omjera napona, mjerenja u kratkom spoju, mjerenja u praznom hodu, te ispitivanje kvalitete izolacije (tan delta, parcijalna izbijanja).

2.3.   SAP elementi za praćenje troškova proizvodnje

U ovom poglavlju će vrlo kratko biti predstavljeni osnovni SAP ERP elementi potrebni da bi se definirao proizvodni proces transformatora na način koji će biti predstavljen u ovom radu, u sljedećim poglavljima.

2.3.1.   Mjesta troška i tipovi aktivnosti

Mjesta troška predstavljaju organizacijsku jedinicu koju koristi interno računovodstvo (Kontroling) u svrhu planiranja i skupljanja troškova.

Mjesta troška koja će se koristiti u ovom primjeru su:

- FER-100 ... Pogonska režija
- FER-101 ... Priprema
- FER-102 ... Namataona
- FER-103 ... Izolacija
- FER-104 ... Montaža
- FER-110 ... Ispitna stanica

Tipovi aktivnosti su, pojednostavljeno rečeno, cijene rada određenih strojeva i ljudi. Tipovi aktivnosti koji će se koristiti u ovom primjeru su:

- FER-01 ... Ručni rad
- FER-02 ... Namatanje
- FER-03 ... Priprema namota
- FER-04 ... Montaža
- FER-05 ... Izoliranje
- FER-06 ... Sušenje
- FER-07 ... Rezanje
- FER-08 ... Instalacija
- FER-09 ... Ispitivanje

Lista sekundarnih troškovnih elemenata za alociranje proizvodnih aktivnosti:

- 643100 ... Radnici
- 643200 ... Strojevi

Dodjela tipova aktivnosti mjestima troška i određivanje cijene je prikazano u tablici 2.1. Za svaku kombinaciju mjesta troška i tipa aktivnosti se postavlja različita cijena, izračunata prema ERP postulatu 2 (poglavlje 2.1.1.).

Napomena: Općenito se za svaku kombinaciju mjesta troška i tipa aktivnosti može postaviti različita cijena, ali u ovom radu su za sve slučajeve postavljene jedinstvene cijene od 100 EUR/h.

Tablica 2.1: Dodjela tipova aktivnosti mjestima troška

Mjesto troška	Naziv mjesta troška	Tip aktivnosti	Naziv tipa aktivnosti	Cijena rada (EUR/h)
FER-101	Priprema	FER-01	Ručni rad	100
FER-102	Namataona	FER-02	Namatanje	100
		FER-03	Priprema namota	100
FER-103	Izolacija	FER-01	Ručni rad	100
		FER-05	Izoliranje	100
		FER-06	Sušenje	100
FER-104	Montaža	FER-04	Montaža	100
		FER-07	Rezanje	100
		FER-08	Instalacija	100
FER-110	Ispitna stanica	FER-09	Ispitivanje	100

2.3.2. Radni centri

Radni centri su elementi koji predstavljaju radne strojeve ili grupe ljudi [22]. Radni centri koji se koriste u ovom primjeru su:

- FER10101 ... Bravarija
- FER10201 ... Stroj za namatanje
- FER10202 ... Priprema namota
- FER10203 ... Stroj za tlačenje
- FER10204 ... Priprema izolacije
- FER10301 ... Obrada ulja
- FER10302 ... Sušenje aktivnog dijela
- FER10303 ... Ručna obrada
- FER10304 ... Sušenje namota
- FER10305 ... Strojna obrada
- FER10401 ... Montaža aktivnog dijela
- FER10402 ... Montaža instalacije
- FER10403 ... Završni radovi
- FER10404 ... Slaganje jezgre
- FER10405 ... Rezanje lima

- FER11001   ...   Ispitivanje u montaži
- FER11002   ...   Ispitna stanica

Svi radni centri imaju sljedeće glavne podatke:

- pripadajuće mjesto troška
- korišteni tipovi aktivnosti
- raspoloživo radno vrijeme
- parametri za evidentiranje potrošnje vremena
- formule za provjeru raspoloživih kapaciteta
- formule za izračun duljine trajanja operacije
- formule za izračun troškova

2.3.3. Struktura procjene troškova

Za potrebe izračuna proizvodne cijene transformatora (SAP termin: Procjena troška), u SAP-u su definirana potrebna pravila:

- određivanje količinske strukture
- korištenje korektnih cijena materijala (planske, stvarne, ponderirane, ...)
- korištenje korektnih cijena tipova aktivnosti
- korištenje željenog obrasca općih troškova
- pravilo uključivanja dodatnih troškova
- korištenje odgovarajuće strukture za prikaz izračunatih troškova

Za definiranje gore navedenih pravila, kreirani su potrebni strukturni elementi:

- varijanta obračuna troškova
- varijanta vrednovanja
- struktura troškovnih komponenti
- obrazac režijskih troškova

2.4. Izračun cijene izrade transformatora

Izračun proizvodne cijene se radi jednostavnim korištenjem količinske strukture i pozivanjem prethodno definiranih pravila za korištenje korektnih cijena materijala i rada te pravila za izračun općih (režijskih) troškova.

U izračun proizvodne cijene uključuju se svi prethodno navedeni elementi:

- materijali (cijena materijala)
- sastavnice (količina potrebnog materijala)
- tipovi aktivnosti (cijena rada)
- planovi operacija (količina potrebnog vremena)
- obrazac općih troškova (proizvodna režija)
- dodatni troškovi (troškovi projektiranja i konstrukcije)

2.4.1. Direktni troškovi

Za izračun troškova materijala koristile su se normativne količine potrebnog materijala iz sastavnica i cijene materijala iz baze podataka matičnog sloga materijala. Za izračun vrijednosti ljudskog i strojnog rada koriste se normativne količine vremena iz planova operacija i jedinične cijene definirane vezom tipa aktivnosti i mjesta troška.

2.4.2. Indirektni troškovi

Troškovi proizvodne režije se izračunavaju prema standardnoj metodi, pomoću definiranja ključa općih troškova. Po toj se metodi prvo definira baza (osnovica) za izračun, a nakon toga se definira stopa (postotak od vrijednosti baze). Završni element obrasca općih troškova je "odobrenje" koje definira kako se i odakle izračunata vrijednost općih troškova knjiži na nositelja troška (materijal koji se proizvodi).

2.4.3. Dodatni troškovi (projektiranje i konstrukcija)

Za dodatne troškove (ne spadaju u proizvodne ni u režijske troškove), moguće je uključivanje tzv. osnovnih objekata planiranja. Na taj se način u izračun proizvodne cijene mogu uključiti troškovi projektiranja i konstruiranja.

3. ANALITIČKI MODEL ELEKTRIČNOG STROJA U SAP ERP SUSTAVU

ERP sustavi se prvenstveno koriste za planiranje, izvršenje i analizu rada poslovnih subjekata, te ni u kom slučaju nisu predviđeni za tehničke proračune i analize.

Ipak, pokušala se iskoristiti spoznaja da su u SAP ERP sustavu standardno raspoložive određene matematičke funkcionalnosti (predstavljene u poglavljima 8.1. i 8.2.), te se pristupilo izradi analitičkog modela električnih strojeva u tom posve neprirodnom okolišu za takvu vrstu modeliranja.

Istestirane su razne standardne opcije koje dozvoljavaju izradu matematičkih izračuna i na kraju je izbor sužen na sljedeće tri funkcionalnosti:

- Proizvodni radni centri
    - ključevi standardnih vrijednosti
    - parametri standarnih vrijednosti
    - konstante formula
    - formule za izračun troškova
- Proizvodni nalozi
    - korisnički parametri u operacijama
    - potvrđivanje operacija
- Varijantna konfiguracija
    - sustav klasifikacije
    - karakteristike
    - profil konfiguracije
    - zavisnosti
    - varijantne tablice

U nastavku teksta ovog poglavlja je prikazan način izrade analitičkog modela transformatora i asinkronih strojeva u SAP ERP sustavu.

Energetski transformatori

U slučaju energetskih transformatora ideja postupka je sažeta u sljedećim koracima:

- Kreiranje postupka za izračun parametara nadomjesne sheme pomoću poznatih rezultata mjerenja, korištenjem standardnih funkcionalnosti SAP modula „Varijantna konfiguracija"
- Kreiranje postupka za izračun elemenata vektorskog dijagrama pomoću poznatih parametara nadomjesne sheme, korištenjem standardnih funkcionalnosti SAP modula „Varijantna konfiguracija"
- Kreiranje postupka za izračun osnovnih dimenzija korištenjem standardnih funkcionalnosti SAP modula „Varijantna konfiguracija"
- Uključivanje rezultata izračuna osnovnih dimenzija u izračun potrebne količine materijala, te uključivanje tih podataka u sastavnicu transformatora, kao podlogu za kasnije izvođenje MRP-a i provjeru raspoloživosti materijala
- Kreiranje modela za izračun potrebnih proizvodnih vremena na osnovu stvarno utrošenih vremena sličnih transformatora

Asinkroni strojevi

U slučaju asinkronog stroja ideja je sljedeća:

- Kreiranje postupka za izračun parametara nadomjesne sheme pomoću poznatih rezultata mjerenja, korištenjem standardnih funkcionalnosti SAP modula „Varijantna konfiguracija"
- Kreiranje postupka za izračun osnovnih statičkih karakteristika (ovisnost momenta i struje o klizanju), korištenjem standardnih funkcionalnosti dva SAP modula „Planiranje proizvodnje" i „Kontroling"
- Provedba simulacije u svrhu dobivanja ovisnosti momenta i struje o klizanju, korištenjem SAP proizvodnih naloga, putem poslovne funkcije potvrđivanja proizvodnih naloga

U nastavku je, kao uvod u izradu analitičkog modela transformatora, prvo prikazana izrada modela za asinkrone strojeve (jer, kako je napisao Antun Dolenc u [23], „Asinkroni stroj u biti predstavlja transformator"). Dan je matematički postupak dolaska do ekvivalentne sheme krenuvši od sustava naponskih jednadžbi, te princip korištenja ekvivalentne sheme u postupku kreiranja statičkih karakteristika. Isti princip će biti korišten kasnije u slučaju transformatora (ekvivalentna shema za obje vrste električkih strojeva je identična).

3.1. Asinkroni stroj – analitički model

3.1.1. Matematički model asinkronog stroja

Prilikom analiziranja rada električnih strojeva usredotočava se na elektromagnetske i osnovne mehaničke pojave (brzina i moment). Analiziraju se statička i dinamička stanja, pri čemu se dinamika stroja opisuje naponskim i mehaničkim nelinearnim diferencijalnim jednadžbama. U nastavku će biti kratko prikazana metoda matematičke analize asinkronih strojeva s načinom dolaska do ekvivalentne sheme za statička stanja.

Za matematički model asinkronog stroja uzimaju se sljedeće pretpostavke:

- nema zasićenja u željezu
- potpuna simetrija stroja
- sinusno protjecanje u zračnom rasporu
- zanemarivi gubici u željezu i potiskivanje struje.

Pri analizi rada asinkronih strojeva se uobičajeno koriste koordinatni sustavi s ortogonalnim osima. Trofazni mirni simetrični sustav (A, B, C) se matematički preformulira u dvofazni mirni sustav s ortogonalnim osima (α, β), a ovaj u dvofazni rotirajući sustav s ortogonalnim osima (d, q). Rotirajući vektori trofaznog sustava napona napajanja, struja i ulančanih tokova statora i rotora opisuju se tako pomoću njihovih projekcija na koordinatne osi sustava, za svaki vremenski trenutak. Trofazni namot motora se transformira u ekvivalentni dvofazni, a sve varijable stanja se transformiraju u uzbudnu i poprečnu os.

Stanje električnog sustava je neovisno o koordinatnom sustavu koji se koristi. Iako će se varijable ponašati različito u svakom koordinatnom sustavu, one će značiti isti način rada (prijelazna pojava ili stacionarno stanje) neovisno o koordinatnom sustavu [24].

Za opis rada stroja je potrebno prvo postaviti naponske jednadžbe statorskog i rotorskog kruga. Sustav naponskih jednadžbi asinkronog stroja u sustavu koji rotira proizvoljnom brzinom, pri čemu su rotorske veličine preračunate na stator, glasi [24]:

$$v_{sd} = r_s \cdot i_{sd} - \omega \cdot \frac{\Psi_{sq}}{\omega_B} + p \frac{\Psi_{sd}}{\omega_B} \qquad (1a)$$

$$v_{sq} = r_s \cdot i_{sq} + \omega \cdot \frac{\Psi_{sd}}{\omega_B} + p \frac{\Psi_{sq}}{\omega_B} \qquad (1b)$$

$$v_{rd}{}' = r_r{}' \cdot i_{rd}{}' + (\omega\text{-}\omega_r) \cdot \frac{\Psi_{rq}{}'}{\omega_B} + p \, \frac{\Psi_{rd}{}'}{\omega_B} \qquad (1c)$$

$$v_{rq}{}' = r_r{}' \cdot i_{rq}{}' + (\omega\text{-}\omega_r) \cdot \frac{\Psi_{rd}{}'}{\omega_B} + p \, \frac{\Psi_{rq}{}'}{\omega_B} \qquad (1d)$$

U predstavljenom sustavu je p operator d/dt, Ψ ulančeni tok, ω_B bazna kutna brzina. Indeksi s i r označavaju veličine statora i rotora, a indeksi d i q veličine vezane za d-os odnosno q-os.

Elektromagnetski moment se može izraziti pomoću statorskih veličina:

$$M_e = \frac{3}{2} p_p \cdot \frac{1}{\omega_B} \left(\Psi_{sd} \cdot i_{sq} - \Psi_{sq} \cdot i_{sd} \right) \qquad (2a)$$

gdje je p_p broj pari polova.

Uobičajeno je da se parametri stroja izražavaju kao jedinične vrijednosti. Pri tome se ne mijenjaju naponske jednadžbe i jednadžbe ulančanih tokova, ali se mijenja jednadžba momenta.

Normirani izraz za moment tako dobiva sljedeći oblik:

$$m_e = \Psi_{sd} \cdot i_{sq} - \Psi_{sq} \cdot i_{sd} \qquad (2b)$$

U sustav se još mora uključiti i jednadžba gibanja te osnovni izraz za računanje snage, čiji su normirani oblici dani izrazima (3) i (4). Pri tome je H konstanta tromosti.

$$p\,\omega_r = \frac{m_e - m_T}{2H} \qquad (3)$$

$$p_e = i_{sd} \cdot u_{sd} + i_{sq} \cdot u_{sq} \qquad (4)$$

Tipični rezultat simulacije pomoću programa Matlab Simulink, na osnovu prethodnog seta jednadžbi, vidljiv je na slici 3.1.

Iz praktičnih iskustava je poznato da su za veliki dio analiza dovoljne simulacije na osnovu statičkog modela (crvena linija na slici 3.2).

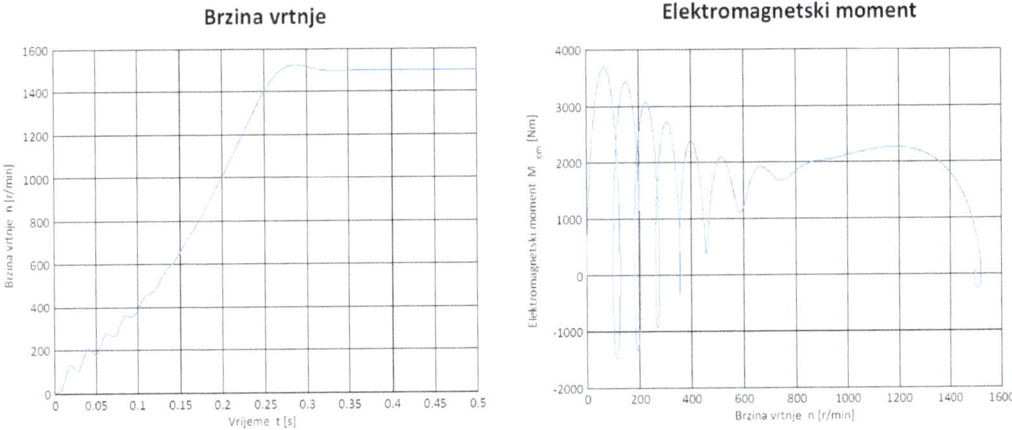

Slika 3.1: Dinamička krivulja zaleta asinkronog stroja; preuzeto s internetskih stranica FER-a, 20.11.2015.

http://www.fer.unizg.hr/predmet/dis/materijali#!p_rep_25696!_-96236

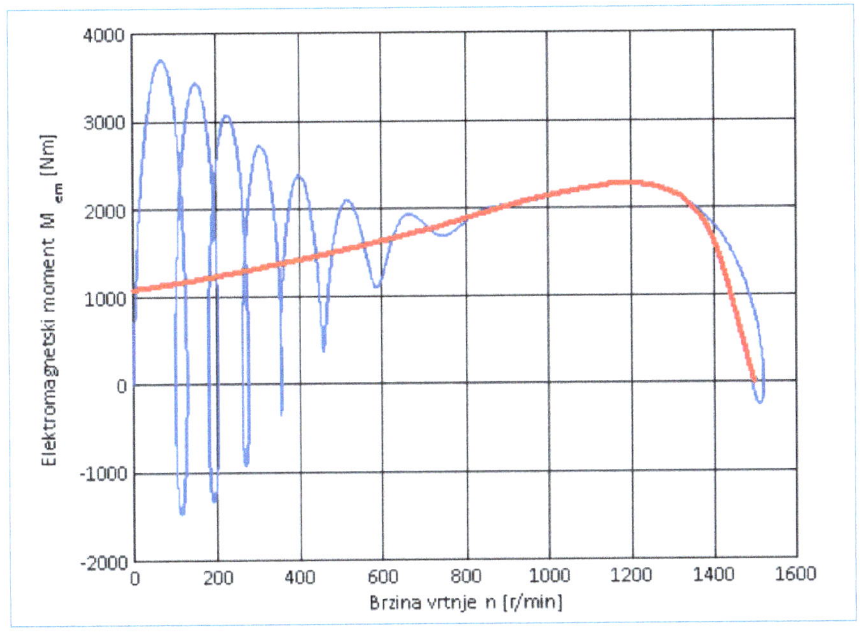

Slika 3.2: Usporedba dinamičke i statičke karakteristike asinkronog stroja; preuzeto s internetskih stranica FER-a, 20.11.2015.

http://www.fer.unizg.hr/predmet/dis/materijali#!p_rep_25696!_-96236

Upravo na slici 3.2. je prikazana ideja vodilja glavnog dijela istraživanja: pomoću pojednostavljene metode izračuna dimenzija se dolazi do dovoljno dobrih rezultata potrebnih za menadžersko odlučivanje.

Do jednadžbi za statička stanja se dolazi ako se u prethodne naponske jednadžbe (1) do (4) umjesto operatora $p = d/dt$ stavi: $j\,(\omega_e - \omega)$ [24]:

$$\widetilde{V}_{sq} = r_s \cdot \tilde{I}_{sq} + \frac{\omega}{\omega_B}\widetilde{\Psi}_{sd} + j\frac{\omega_e - \omega}{\omega_B}\widetilde{\Psi}_{sq} \tag{5}$$

$$\widetilde{V}_{rq}{}' = r_r{}' \cdot \tilde{I}_{rq}{}' + \frac{\omega - \omega_r}{\omega_B}\widetilde{\Psi}'_{rd} + j\frac{\omega_e - \omega}{\omega_B}\widetilde{\Psi}'_{rq} \tag{6}$$

Daljnjom razradom dolazi do poznatih fazorskih naponskih jednadžbi:

$$\widetilde{V}_{as} = \left(r_s + j\frac{\omega_e}{\omega_B}X_{6s}\right)\tilde{I}_{as} + j\frac{\omega_e}{\omega_B}X_M\left(\tilde{I}_{as} + \tilde{I}_{ar}{}'\right) \tag{7}$$

$$\frac{\tilde{V}_{ar}{}'}{s} = \left(\frac{r_r{}'}{s} + j\frac{\omega_e}{\omega_B}X_{6r}{}'\right)\tilde{I}_{ar} + j\frac{\omega_e}{\omega_B}X_M\left(\tilde{I}_{as} + \tilde{I}_{ar}{}'\right) \tag{8}$$

gdje je veličina s definirana kao klizanje:

$$s = \frac{\omega_e - \omega_r}{\omega_e} \tag{9}$$

Omjer mehaničke i električne sinkrone brzine omogućava primjenu navedenih jednadžbi za bilo koje narinute napone konstantne frekvencije, te se tako dolazi do opće poznate ekvivalentne sheme za statičko stanje asinkronog stroja prikazane na slici 3.3.

Iz prethodnih se jednadžbi daljom razradom dolazi do izraza za ulaznu impedanciju, moment, prekretni moment, klizanje, struju statora i struju rotora [24].

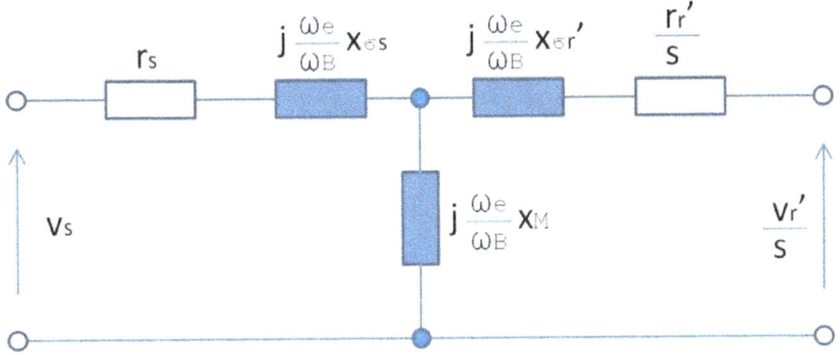

Slika 3.3: Ekvivalentna shema asinkronog stroja

Ulazna impedancija:

$$Z = \frac{\dfrac{r_s r_r'}{s} + \left(\dfrac{\omega_e}{\omega_B}\right)^2 \left(X_M{}^2 - X_{ss} X_{rr}'\right) + j \dfrac{\omega_e}{\omega_B} \left(\dfrac{r_r'}{s} X_{ss} + r_s X_{rr}'\right)}{\dfrac{r_r'}{s} + j \dfrac{\omega_e}{\omega_B} X_{rr}'} \qquad (10)$$

Moment:

$$M_e = \frac{3 \cdot p_p \cdot \dfrac{\omega_e}{\omega_B} \cdot \dfrac{X_M{}^2}{\omega_B} \cdot r_r' \cdot s \cdot \left|\tilde{V}_{as}\right|^2}{\left[r_s r_r' + s \left(\dfrac{\omega_e}{\omega_B}\right)^2 \left(X_M{}^2 - X_{ss} \cdot X_{rr}'\right)\right]^2 + \left(\dfrac{\omega_e}{\omega_B}\right)^2 \left(r_r' X_{ss} + s\, r_s X_{rr}'\right)^2} \qquad (11)$$

Struja statora:

$$|I_s| = \frac{|V_s|}{|Z|} \qquad (12)$$

Struja rotora:

$$|I_r| = \frac{\dfrac{\omega_e}{\omega_B} X_M}{\sqrt{\left(\dfrac{r_r'}{s}\right)^2 + \left(\dfrac{\omega_e}{\omega_B} X_{rr}'\right)^2}} \cdot |I_s| \qquad (13)$$

Pri tome su:

$$X_{ss} = X_{\sigma s} + X_M \tag{14}$$

$$X'_{rr} = X'_{\sigma r} + X_M \tag{15}$$

U izrazima (1) do (15) je korišten način označavanja potpuno u skladu s [24]. U sljedećim poglavljima će se označavanje malo prilagoditi lakšem unosu tehničkih izraza u SAP ERP. Tako će npr. r_s postati R_1, r_s' postaje R_2', …

3.1.2. Ideja postupka dobivanja statičke karakteristike asinkronog stroja

Ideja je prikazana na slici 3.4. Prvo se na osnovu poznatih rezultata mjerenja, ubacivanjem poznatih matematičkih izraza u prethodno kreirane objektne zavisnosti izvodi izračun vrijednosti parametara nadomjesne sheme.

Dobivene vrijednosti se uključuju u drugi dio procesa, izračun vrijednosti statičkih karakteristika za pojedinačna klizanja. Nakon toga se, kao treći dio postupka, radi izrada grafičkog prikaza ovisnosti elektromagnetskog momenta i struje o klizanju.

3.1.3. Izračun vrijednosti parametara nadomjesne sheme

Postupak ima tri koraka u SAP-u:

- kreiranje karakteristika, klasa i zavisnosti potrebnih za definiranje izmjerenih i zadanih podataka
- kreiranje materijala i profila konfiguracije
- izračun vrijednosti svih šest parametara nadomjesne sheme prikazanih na slici 3.5.

Simboli V_1 i V_2 na slici 3.5. označavaju fazne napone statora i rotora, respektivno. Svi parametri su definirani u tablici 3.1. Potrebni mjerni podaci su također bili raspoloživi [25], te su za sve njih kreirane SAP karakteristike (treća kolona u tablici 3.2).

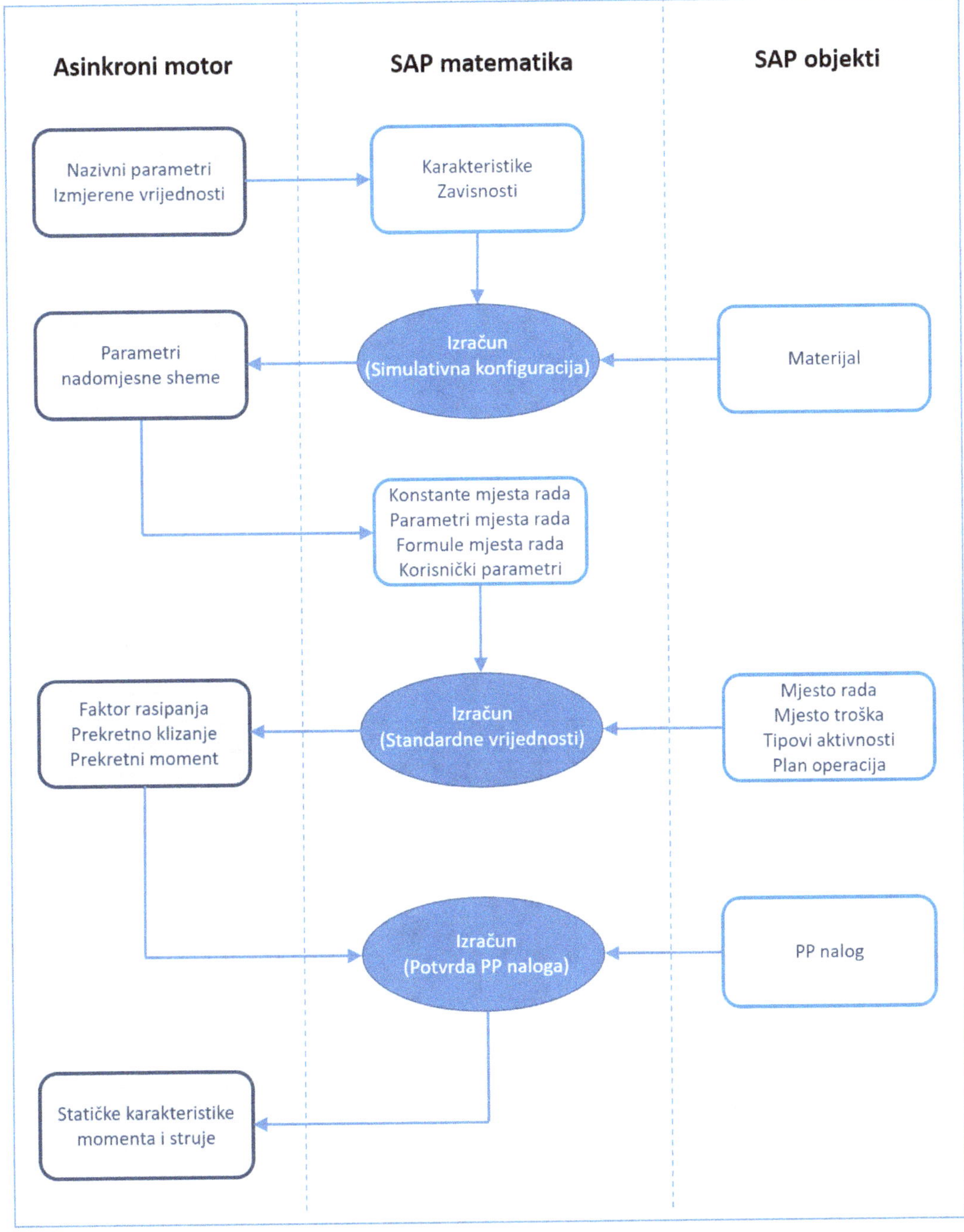

Slika 3.4: Ideja postupka dobivanja statičke karakteristike asinkronog stroja

Za potrebe izračunavanja vrijednosti parametara nadomjesne sheme, korištena je Varijantna konfiguracija kao standardna SAP funkcionalnost [26].

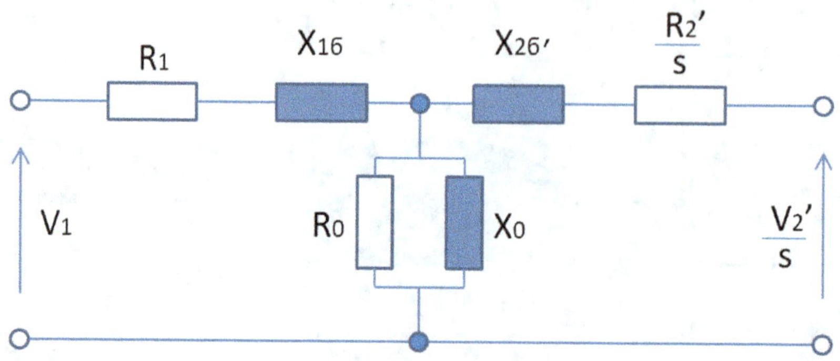

Slika 3.5: Parametri nadomjesne sheme asinkronog stroja

Tablica 3.1: Izmjerene vrijednosti asinkronog stroja

Parametar	Vrijednost	SAP karakteristika
Otpor statora	0,180 Ω	Z_FER_M01
Impedancija praznog hoda	118,229 Ω	Z_FER_M02
Struja praznog hoda	29,3 A	Z_FER_M03
Snaga praznog hoda	28 900 W	Z_FER_M04
Faktor snage praznog hoda	0,0951	Z_FER_M05
Impedancija kratkog spoja	6,828 Ω	Z_FER_M06
Struja kratkog spoja	138,0 A	Z_FER_M07
Snaga kratkog spoja	44 880 W	Z_FER_M08
Faktor snage kratkog spoja	0,1151	Z_FER_M09

Nazivni podaci klizno-kolutnog asinkronog motora [25] korištenog u primjeru su:

- nazivna snaga ...   1 250 kW
- nazivni napon statora...   6 000 V
- nazivna struja statora...   138 A
- nazivna brzina vrtnje ...   1 485 r/min.

Na osnovu izmjerenih podataka, moraju se izračunati tri dodatna parametra. Za svaki od njih se također kreiraju karakteristike i zavisnosti (tablica 3.2).

Tablica 3.2: Izračunati parametri asinkronog stroja

Parametar	SAP karakteristika	SAP zavisnost
Ekvivalentna snaga praznog hoda	Z_FER_C03	Z_FER_C03
Radni otpor kratkog spoja	Z_FER_C04	Z_FER_C04
Reaktancija kratkog spoja	Z_FER_C05	Z_FER_C05

Tri navedena parametra se izračunavaju pomoću poznatih tehničkih formula i potrebno je „samo" definirati te formule u SAP-u koristeći karakteristike i zavisnosti.

Ekvivalentna snaga praznog hoda (zavisnost Z_FER_C03)

$$P_0' = P_0 - \frac{3}{2} R_1 I_0^2 \qquad (16)$$

Object	Description	Status
0000 Z_FER_C03	No Load Power Po	
Z_FER_C03	No load eq. Power Po'	
Z_FER_M01	Stator Resistance	
Z_FER_M03	Current Io	
Z_FER_M04	No-Load Power Po	

Slika 3.6: Snaga praznog hoda, karakteristike korištene u zavisnosti Z_FER_CO3

```
Dependency       Z_FER_C03                     No Load Power Po
Dependency Type  Procedure
Status           Released
Usage            Global
Valid From
Created By        NADJ
Creation Date    23.12.2015
Changed By       NADJ
Changed On       02.01.2016

Source Code
                 $self.Z_FER_C03 = $self.Z_FER_M04 - 1.5 * $self.Z_FER_M01 *
                 $self.Z_FER_M03 * $self.Z_FER_M03
```

Slika 3.7: Snaga praznog hoda, detalji zavisnosti Z_FER_CO3 uključujući formulu

Otpor kratkog spoja (zavisnost Z_FER_C04)

$$R_{KS} = \frac{P_K}{3\,I_K{}^2} \qquad (17)$$

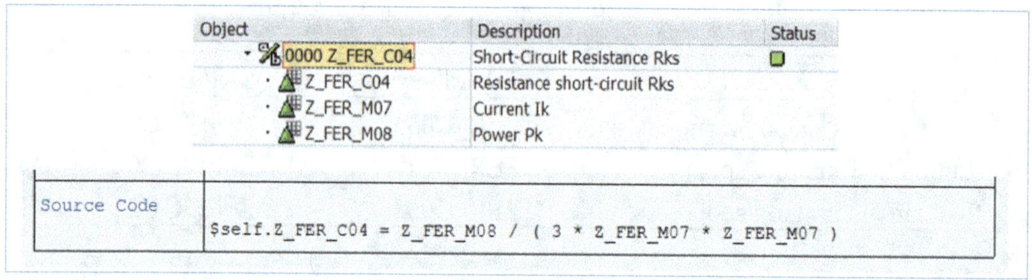

Slika 3.8: Otpor kratkog spoja, zavisnost Z_FER_CO4 s karakteristikama i formulom

Reaktancija kratkog spoja (zavisnost Z_FER_C05):

$$X_{KS} = Z_K\,sin\varphi_K \qquad (18)$$

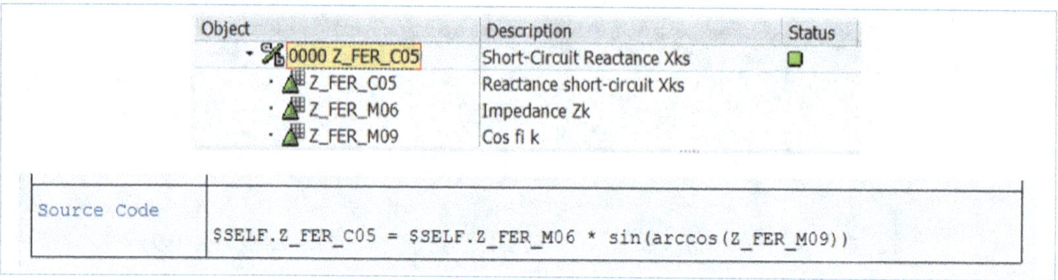

Slika 3.9: Reaktancija kratkog spoja, zavisnost Z_FER_CO5 s karakteristikama i formulom

Sljedeći korak je izračun vrijednosti svih šest parametara nadomjesne sheme. Svi parametri se u SAP-u kreiraju kao karakteristike i njihove vrijednosti se izračunavaju formulama definiranima pomoću zavisnosti (tablica 3.3).

Prikaz zavisnosti Z_FER_R01 do Z_FER_R06 je dan na slikama 3.10 do 3.15.

Tablica 3.3. Parametri nadomjesne sheme asinkronog motora

Parametar	SAP karakteristika	SAP zavisnost
R_1 (Fazni otpor statora)	Z_FER_R01	Z_FER_R01
$R_2{}'$ (Preračunati otpor rotora)	Z_FER_R02	Z_FER_R02
R_0 (Otpor magnetskog polja)	Z_FER_R03	Z_FER_R03
X_0 (Reaktancija magnetskog polja)	Z_FER_R04	Z_FER_R04
$X_{1\sigma}$ (Rasipna reaktancija statora)	Z_FER_R05	Z_FER_R05
$X_{2\sigma}{}'$ (Preračunata rasipna reakt. rotora)	Z_FER_R06	Z_FER_R06

Otpor statora (zavisnost Z_FER_R01):

$$R_1 = \frac{R_{ST}}{2} \tag{19}$$

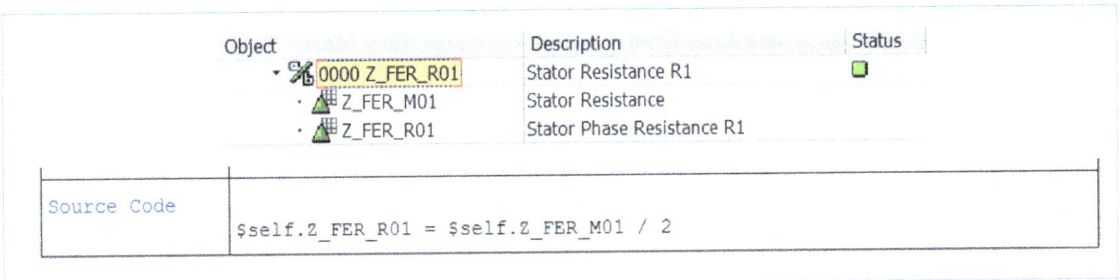

Slika 3.10: Radni otpor statora, zavisnost Z_FER_R01 s karakteristikama i formulom

Preračunati otpor rotora (zavisnost Z_FER_R02)

$$R_2{}' = R_{KS} - R_1 \tag{20}$$

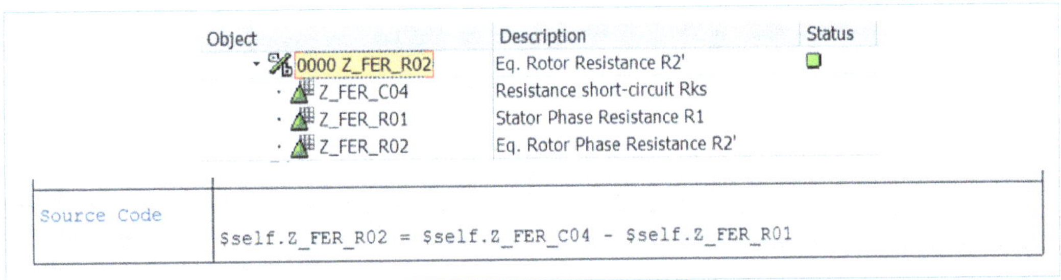

Slika 3.11: Preračunati radni otpor rotora, zavisnost Z_FER_R02 s karakteristikama i formulom

Otpor R_0 (zavisnost Z_FER_R03)

$$R_0 = \frac{P_0'}{3\, {I_0}^2} \tag{21}$$

Object	Description	Status
0000 Z_FER_R03	Resistance Ro	■
Z_FER_C03	No load eq. Power Po'	
Z_FER_M03	Current Io	
Z_FER_R03	Resistance Ro	

Source Code	
	`$self.Z_FER_R03=$self.Z_FER_C03/(3*$self.Z_FER_M03*$self.Z_FER_M03)`

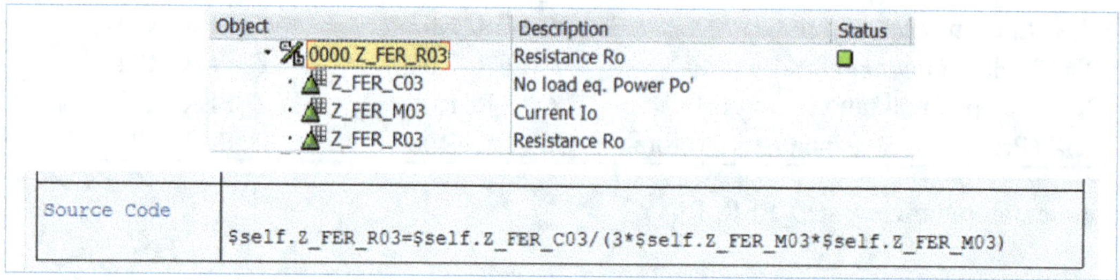

Slika 3.12: Radni otpor magnetskog kruga, zavisnost Z_FER_R03 s karakteristikama i formulom

Rasipna reaktancija X_0 (zavisnost Z_FER_R04)

$$X_0 = Z_0\, sin\varphi_0 \tag{22}$$

Object	Description	Status
0000 Z_FER_R04	Leakage Reactance Xo	■
Z_FER_M02	Impedance Zo	
Z_FER_M05	Cos fi 0	
Z_FER_R04	Reactance Xo	

Source Code	
	`$self.Z_FER_R04 = $self.Z_FER_M02 * sin (arccos(Z_FER_M05))`

Slika 3.13: Reaktancija magnetskog kruga, zavisnost Z_FER_R04 s karakteristikama i formulom

Reaktancija statora (zavisnost Z_FER_R05)

$$X_{1\sigma} = \frac{X_{KS}}{2} \tag{23}$$

Object	Description	Status
0000 Z_FER_R05	Leakage Reactance X1s	■
Z_FER_C05	Reactance short-circuit Xks	
Z_FER_R05	Leakage Reactance X1s	

Source Code	
	`$self.Z_FER_R05 = $self.Z_FER_C05 / 2`

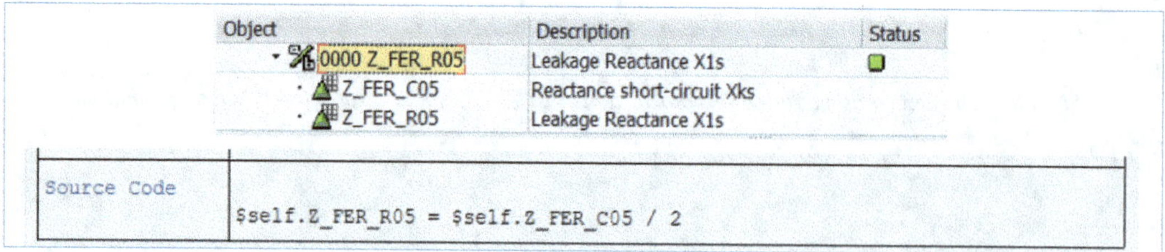

Slika 3.14: Reaktancija statora, zavisnost Z_FER_R05 s karakteristikama i formulom

Preračunata reaktancija rotora (zavisnost Z_FER_R06):

$$X'_{2\sigma} = \frac{X_{KS}}{2} \tag{24}$$

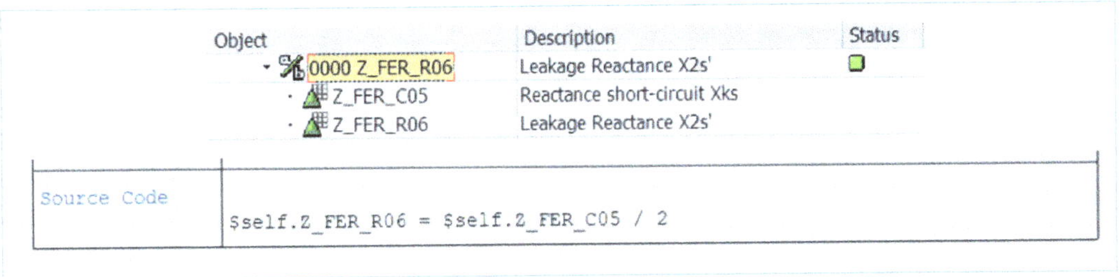

Slika 3.15: Rasipna reaktancija rotora, zavisnost Z_FER_R06 s karakteristikama i formulom

Nakon što se kreiraju svi parametri i vezane zavisnosti, prelazi se na kreiranje „materijala" kao konfigurabilnog objekta. Na njega se preko profila konfiguracije vežu karakteristike i zavisnosti, te se odmah nakon toga može krenuti sa simulacijom, odnosno izračunom vrijednosti parametara.

Prvi korak u simulaciji je unos izmjerenih vrijednosti iz tablice 3.3. U sustavu je za tu svrhu raspoloživ standardni SAP ERP ekran za unos svih poznatih vrijednosti (slika 3.16), što se postiže korektnim kreiranjem profila konfiguracije.

Material	FER_AM01	FER - Induction Machine 1.250 kW	
Date	23.12.2015	Quantity	1,000

Characteristic Value Assignment

Char. description	Char. Value	I...
Stator Resistance	0,180 Ohm	
Impedance Zo	118,229 Ohm	
Current Io	29,300 A	
No-Load Power Po	28.900,000 W	
Cos fi 0	0,0951	
Impedance Zk	6,828 Ohm	
Current Ik	138,000 A	
Power Pk	44.880,000 W	
Cos fi k	0,1151	

Slika 3.16: Unos izmjerenih vrijednosti

Odmah nakon unosa zadnjeg parametra, na ekranu se pojavljuju izračunate vrijednosti parametara nadomjesne sheme (slika 3.17).

| Material | FER_AM01 | FER - Induction Machine 1.250 kW |
| Date | 24.12.2015 | Quantity | 1,000 |

Characteristic Value Assignment

	Char. description	Char. Value	I...
	Stator Phase Resistance R1	0,090 Ohm	
	Eq. Rotor Phase Resistance R2'	0,696 Ohm	
	Resistance Ro	9,756 Ohm	
	Reactance Xo	117,693 Ohm	
	Leakage Reactance X1s	3,391 Ohm	
	Leakage Reactance X2s'	3,391 Ohm	

Slika 3.17: Izračunate vrijednosti parametara nadomjesne sheme

Usporedba izračunatih s originalnim vrijednostima iz [25] je dana u tablici 3.4. Razlika koja se primjećuje u slučaju izračuna radnog otpora R_0 se može tumačiti pojednostavljenim izračunom ekvivalentne snage praznog hoda u slučaju SAP ERP modela.

Tablica 3.4. Usporedba izračunatih parametara nadomjesne sheme asinkronog motora

Parametar	SAP ERP izračun	Originalni izračun	Razlika (%)
R_1 (Fazni otpor statora)	0,09 Ω	0,09 Ω	0,00
R_2' (Preračunati otpor rotora)	0,696 Ω	0,6955 Ω	0,07
R_0 (Otpor magnetskog polja)	9,756 Ω	11,176 Ω	-12,71
X_0 (Reaktancija magnetskog polja)	117,693 Ω	117,693 Ω	0,00
$X_{1\sigma}$ (Rasipna reaktancija statora)	3,391 Ω	3,391 Ω	0,00
$X_{2\sigma}'$ (Preračunata rasipna reakt. rotora)	3,391 Ω	3,391 Ω	0,00

S izračunatim parametrima nadomjesne sheme, može se prići pripremi sustava za kreiranje statičke karakteristike. To se također može načiniti pomoću Varijantne konfiguracije, kao jedino potrebne SAP funkcionalnosti, ali za potrebe ovog rada i istraživanje dodatnih mogućnosti unutar SAP ERP sustava, koristit će se funkcionalnosti dva druga SAP modula:

- Planiranje proizvodnje (PP)
- Kontroling (CO)

3.1.4. Izračun statičke karakteristike asinkronog stroja

Koristeći opcije PP i CO modula, simulacijski proces sadrži tri koraka:

- Kreiranje konstanti i formula potrebnih za definiranje nadomjesne sheme
- Kreiranje mjesta troška, tipova aktivnosti i proizvodnih radnih centara, pomoću kojih će se skupiti i povezati sve konstante i formule
- Kreiranje materijala i plana operacija

Parametri nadomjesne sheme

Parametri nadomjesne sheme asinkronog stroja se uključuju u tzv. konstante formule radnog centra, jednog od osnovnih matičnih podataka izabranog ERP sustava:

- $K1 = R_1$ (fazni otpor statora)
- $K2 = R_2'$ (ekvivalentni fazni otpor rotora)
- $K3 = R_0$ (otpor praznog hoda)
- $K4 = X_{1\sigma}$ (rasipna reaktancija statora)
- $K5 = X_{2\sigma}'$ (ekvivalentna rasipna reaktancija rotora)
- $K6 = X_0$ (reaktancija praznog hoda)

Svih šest parametara se u proces uključuje pomoću tzv. konstanti formula, koji čine dio osnovnih podataka proizvodnih radnih centara. Nakon što su parametri definirani, moći će se koristiti u formulama za pet predviđenih veličina:

- Hopkinsov faktor rasipanja
- prekretno klizanje
- prekretni moment
- elektromagnetski moment
- struja rotora.

Na slici 3.18 je dan prikaz načina definiranja navedenih šest parametara nadomjesne sheme u SAP ERP sustavu, u slučaju korištenja metode s radnim centrima i PP nalozima.

Na slici 3.19 je dan primjer ekrana s parametrima nadomjesne sheme motora predstavljenog u poglavlju 3.1.3. (1.250 kW, 6.000 V, 138 A, 1.485 r/min):

- R_1 $= \quad 0{,}0900 \ \Omega;$
- R_2' $= \quad 0{,}6955 \ \Omega;$
- R_0 $= \quad 11{,}1760 \ \Omega;$
- $X_{1\sigma}$ $= \quad 3{,}3910 \ \Omega;$
- $X_{2\sigma}'$ $= \quad 3{,}3910 \ \Omega;$
- X_0 $= 117{,}6930 \ \Omega.$

Parametar	K1		Parametar	K2
Porijeklo	1 Konstanta mjesta rada		Porijeklo	1 Konstanta mjesta rada

Atributi

Tekst parametra	Otpor R1		Tekst parametra	Otpor R2'
Ključna riječ	Otpor R1		Ključna riječ	Otpor R2'
Dimenzija	RESIST		Dimenzija	RESIST
Standardna vrd	1		Standardna vrd	1
Jedin.stand.vrijedn.	OM		Jedin.stand.vrijedn.	OM

Parametar	K3		Parametar	K4
Porijeklo	1 Konstanta mjesta rada		Porijeklo	1 Konstanta mjesta rada

Atributi

Tekst parametra	Otpor R0		Tekst parametra	Otpor X1sig
Ključna riječ	Otpor R0		Ključna riječ	Otpor X1sigma
Dimenzija	RESIST		Dimenzija	RESIST
Standardna vrd	1		Standardna vrd	1
Jedin.stand.vrijedn.	OM		Jedin.stand.vrijedn.	OM

Parametar	K5		Parametar	K6
Porijeklo	1 Konstanta mjesta rada		Porijeklo	1 Konstanta mjesta rada

Atributi

Tekst parametra	Otpor X2s'		Tekst parametra	Otpor X0
Ključna riječ	Otpor X2sigma'		Ključna riječ	Otpor X0
Dimenzija	RESIST		Dimenzija	RESIST
Standardna vrd	1		Standardna vrd	1
Jedin.stand.vrijedn.	OM		Jedin.stand.vrijedn.	OM

Slika 3.18: Prikaz definicije šest parametara nadomjesne sheme u SAP sustavu

Konstante formule

Param.	Tekst parametra	Vrijednost	Jed
K1	Otpor R1	0,090	OM
K2	Otpor R2'	0,695	OM
K3	Otpor R0	11,176	OM
K4	Otpor X1sigma	3,391	OM
K5	Otpor X2sigma'	3,391	OM
K6	Otpor X0	117,693	OM

Slika 3.19: Prikaz „smještaja" šest parametara nadomjesne sheme u SAP sustavu

Nakon završenog podešavanja parametara radnog centra, potrebno je definirati tzv. korisničke parametre, koji će se koristiti kasnije, u planu operacija, te glavni parametar za simulaciju:

- KP1   ...   napon statora U_1 (korisnički parametar)
- KP2   ...   sinkrona brzina ω_s (korisnički parametar)
- GP   ...   klizanje s (glavni parametar simulacije)

Definicija navedenih triju parametara je prikazana na slikama 3.20 do 3.22.

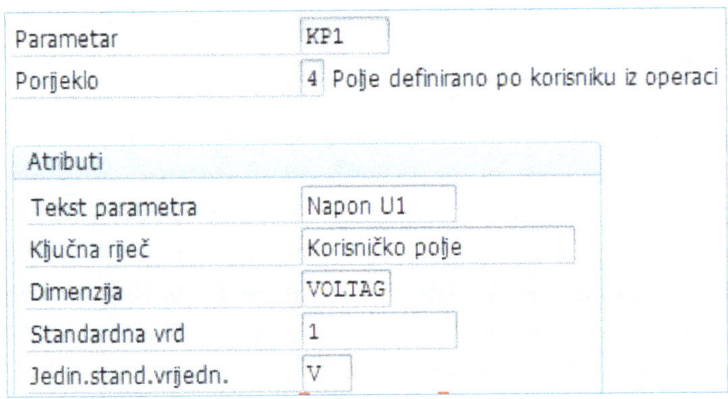

Slika 3.20: Parametar Napon statora

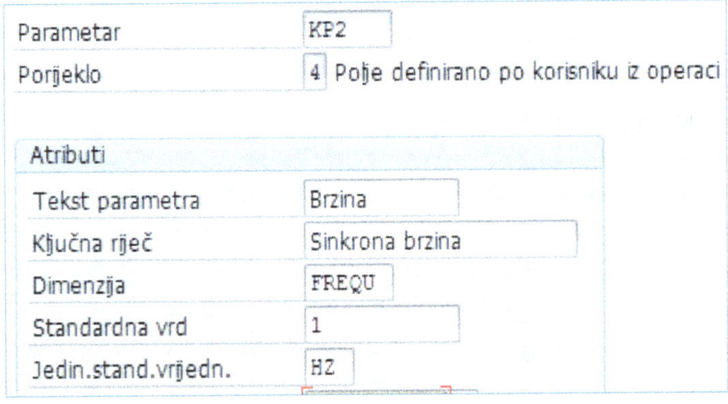

Slika 3.21: Parametar Sinkrona brzina

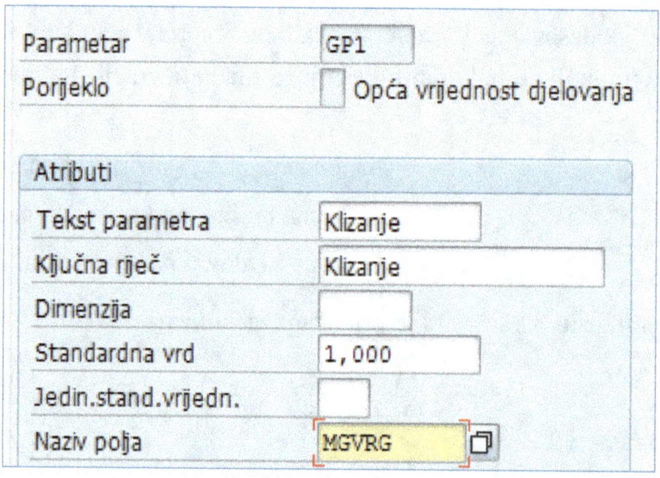

Slika 3.22: Klizanje, glavni parametar simulacije

Formule za parametre i karakteristike

Za analizu statike je potrebno u SAP-u kreirati pet formula za izračun potrebnih parametara i karakteristika:

- F1   ...   Hopkinsov faktor rasipanja σ_1
- F2   ...   prekretno klizanje s_{pr}
- F3   ...   prekretni moment M_{pr}
- F4   ...   moment M_e
- F5   ...   struja rotora

U nastavku je na slikama 3.23 do 3.27 prikazano svih pet formula [23].

Hopkinsov faktor rasipanja σ_1:

$$\sigma_1 = \frac{X_0 + X_{16}}{X_0} \tag{25}$$

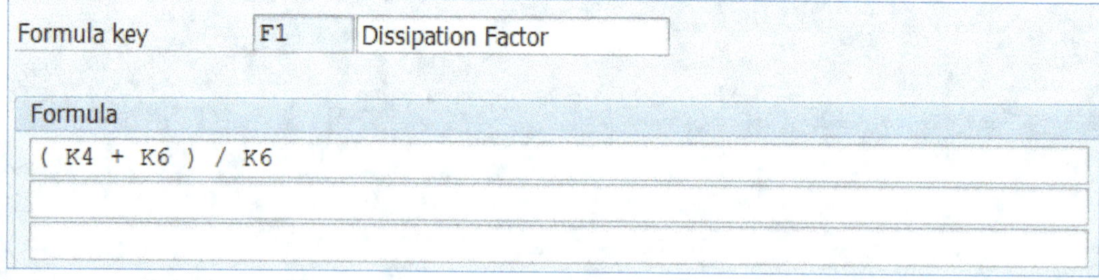

Slika 3.23: Formula za faktor rasipanja

Prekretno klizanje s_{pr}:

$$s_{pr} = \frac{6_1 \cdot R_2{'}}{\sqrt{R_1{}^2 + (X_{16} + 6_1 \cdot X_{26}{'})^2}} \tag{26}$$

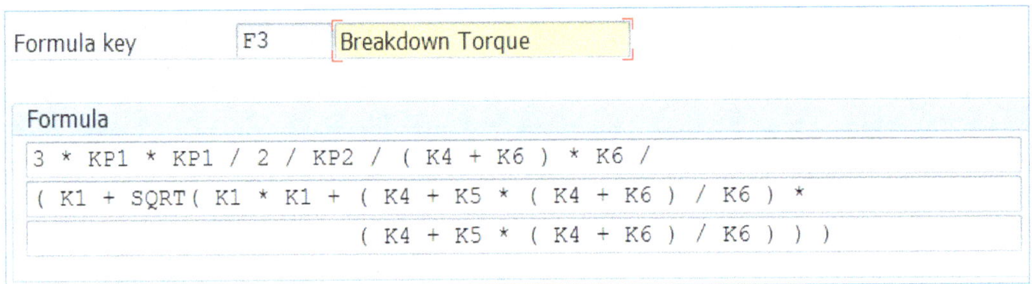

Formula key   F2   Breakdown slip

Formula

```
( K4 + K6 ) / K6 * K2 /
SQRT( K1 * K1 + ( K4 + K5 * ( K4 + K6 ) / K6 ) *
                ( K4 + K5 * ( K4 + K6 ) / K6 ) )
```

Slika 3.24: Formula za prekretno klizanje

Prekretni moment M_{pr}:

$$M_{pr} = \frac{3 \cdot U_1^2}{2 \cdot \omega_s \cdot 6_1 \left[R_1 + \sqrt{R_1^2 + (X_{16} + 6_1 \cdot X_{26}{'})^2} \right]} \tag{27}$$

Formula key   F3   Breakdown Torque

Formula

```
3 * KP1 * KP1 / 2 / KP2 / ( K4 + K6 ) * K6 /
( K1 + SQRT( K1 * K1 + ( K4 + K5 * ( K4 + K6 ) / K6 ) *
                       ( K4 + K5 * ( K4 + K6 ) / K6 ) ) )
```

Slika 3.25: Formula za prekretni moment

Elektromagnetski moment M_e:

$$M_e = \frac{2\,M_{pr}}{\dfrac{s}{s_{pr}} + \dfrac{s_{pr}}{s}} \tag{28}$$

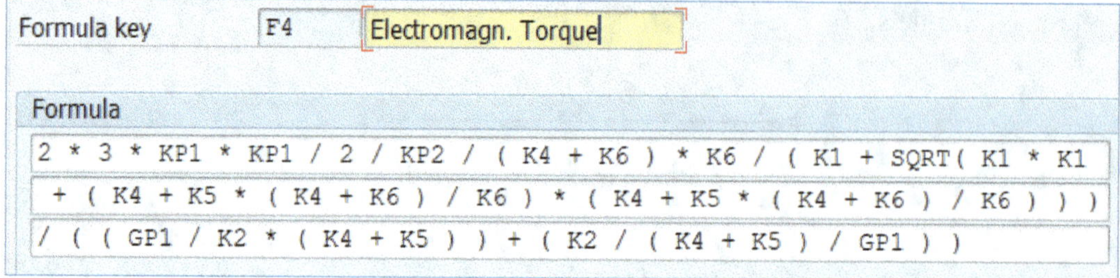

Slika 3.26: Formula za elektromagnetski moment

Struja rotora I_2':

$$I_2' = \frac{U_1}{\sqrt{\left(R_1 + 6_1 \frac{R_2'}{s}\right)^2 + (X_{16} + 6_1 \cdot X_{26}')^2}} \tag{29}$$

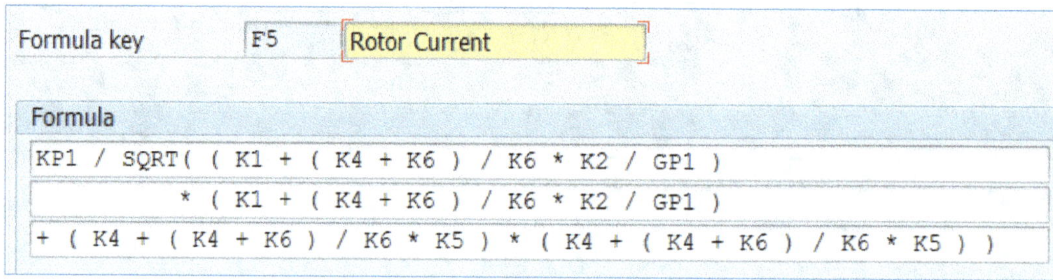

Slika 3.27: Formula za struju rotora

Napon i sinkrona brzina se definiraju u sklopu plana operacija, kao tzv. korisnička polja. Korisnička polja KP1 (Napon) i KP2 (Brzina) će se uključiti u proces preko ključa polja FER_01 (slika 3.28):

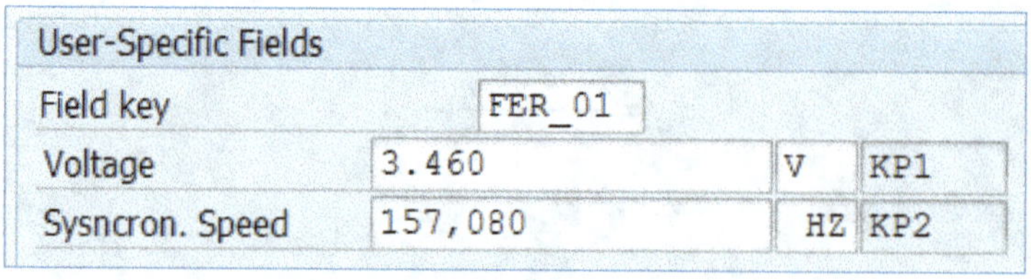

Slika 3.28: Formula za struju rotora

SAP matični podaci

Za uključivanje prethodno kreiranih formula i parametara u proces analize, potrebno je u SAP-u kreirati tri osnovna matična podatka koji će biti nositelji simulacije:

- materijal
- proizvodni radni centar (uključujući mjesto troška i tipove aktivnosti)
- plan operacija

Prvi korak je kreiranje materijala "Klizanje", koji će kasnije u simulaciji biti korišten za klizanje. Kao osnovna mjerna jedinica za taj materijal će se koristiti postotak (%).

Slijedi kreiranje radnog centra FER201, u kojeg će se uključiti prethodno kreirani parametri i formule. Prvi korak prilikom kreiranja radnog centra je definiranje seta parametara koji će se pratiti prilikom simulacije, tzv. Ključa standardnih vrijednosti (slika 3.29).

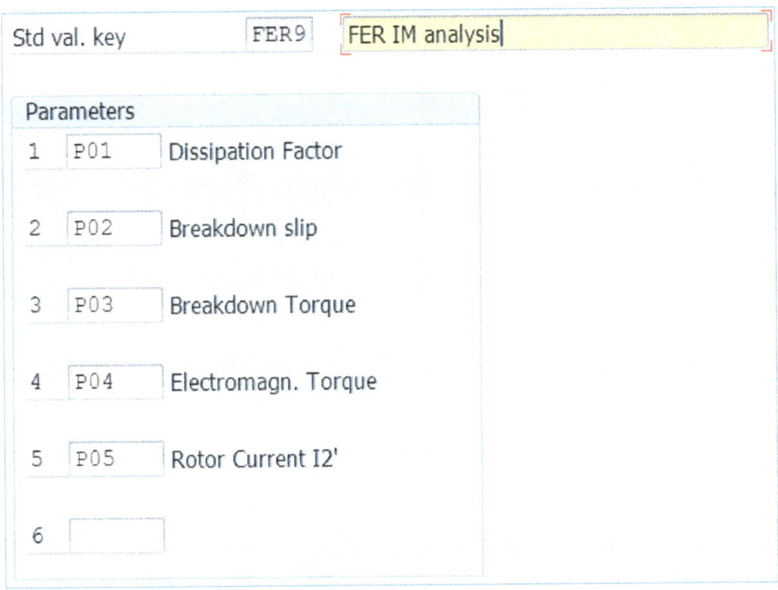

Slika 3.29: Standardni ključ s parametrima

Zatim se u podacima radnog centra za postavljene parametre definiraju formule (slika 3.30). Za postojeći materijal (klizanje) se treba kreirati plan operacija koji čini osnovni skup matičnih podataka potrebnih za simulaciju. U svakoj operaciji (slika 3.31) se nalazi veza s radnim centrom (radni centar je sastavni dio plana operacija).

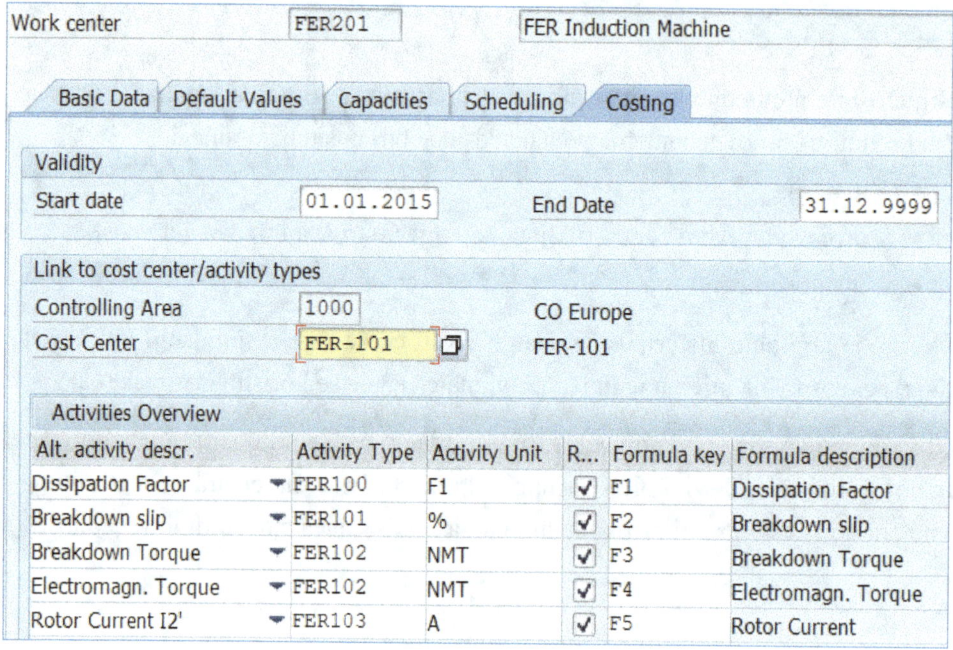

Work center	FER201	FER Induction Machine

Basic Data | Default Values | Capacities | Scheduling | Costing

Validity

Start date	01.01.2015	End Date	31.12.9999

Link to cost center/activity types

Controlling Area	1000	CO Europe
Cost Center	FER-101	FER-101

Activities Overview

Alt. activity descr.	Activity Type	Activity Unit	R...	Formula key	Formula description
Dissipation Factor	FER100	F1	✓	F1	Dissipation Factor
Breakdown slip	FER101	%	✓	F2	Breakdown slip
Breakdown Torque	FER102	NMT	✓	F3	Breakdown Torque
Electromagn. Torque	FER102	NMT	✓	F4	Electromagn. Torque
Rotor Current I2'	FER103	A	✓	F5	Rotor Current

Slika 3.30: Prikaz parametara i formula u radnom centru

Material	SLIP	FER - IM slip	Grp.Count1

Operation

Operation/Activity	0010	Suboperation	
Work center / Plnt	FER201	1000	FER Induction Machine
Control key	PP01		In-house production
Standard text key			Simulation

☐ Long text exists

Standard Values

Base Quantity	1,000			
Act./Operation UoM	%			
Break				

Conversion of Units of Measure

Header	Unit		Operat.	UoM
1	%	<=>	1	%

	Std Value	Un	Act. Type	Efficiency
Dissipation Factor			FER100	
Breakdown slip			FER101	
Breakdown Torque			FER102	
Electromagn. Torque			FER102	
Rotor Current I2'			FER103	

Slika 3.31: Prikaz operacije s radnim centrom i parametrima

Polja za unos vrijednosti za definiranih pet parametara su prazna. Njihovi iznosi će se dobiti simulacijom.

Simulacija

Završni korak procedure je kreiranje i analiza PP radnog naloga (slika 3.32). To je osnovni dokument za praćenje proizvodnje u poslovnim sustavima, a u ovom će slučaju biti korišten za izradu potrebnih simulacijskih koraka. Proizvodni nalog će se kreirati za "Klizanje", za maksimalnu vrijednost 100 %.

Simulacija će se provesti putem poslovne funkcije „potvrda PP radnog naloga", koja će se provoditi za niz vrijednosti klizanja. Može se početi npr. s klizanjem od 1 %, pa onda u koracima doći do vrijednosti klizanja 100 %.

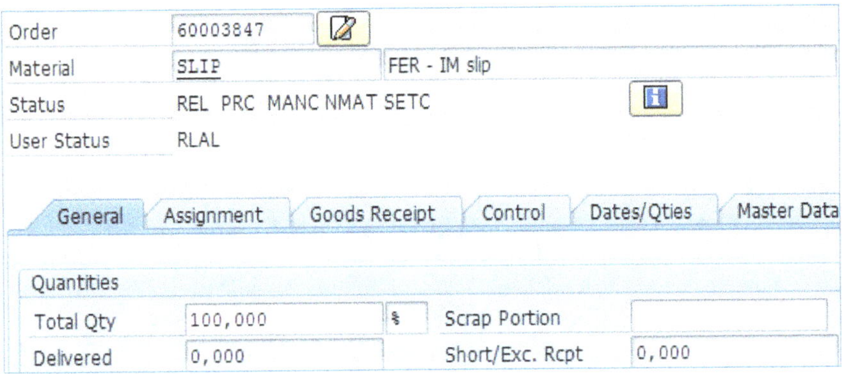

Slika 3.32: Proizvodni nalog za simulaciju

Formule F1, F2 i F3 su neovisne o klizanju, dok su formule F4 i F5 ovisne o klizanju. Te dvije formule se trebaju očitavati sa svakim simulacijskim korakom (tzv. potvrda proizvodnog naloga). Na kraju simulacijskog procesa se za svaki od dva predmetna parametra trebaju kreirati krivulje:

- Statička krivulja ovisnosti momenta o klizanju
- Statička krivulja ovisnosti struje rotora o klizanju

Rezultati simulacije su zadovoljavajući, ali se mora primijetiti jedna značajna mana ovog načina tehničkih kalkulacija. Naime, prostor za upis znakova prilikom kreiranja formula u postupku je ograničen, što se jako dobro vidi u slučaju izraza (28) za elektromagnetski moment (slika 3.26): nije bilo moguće koristiti punu Klossovu formulu za moment, nego samo približnu.

Korištenje punih izraza bi, međutim, bilo moguće u slučaju rada s karakteristikama i formulama u zavisnostima, umjesto s formulama u radnim centrima.

Slika 3.33 pokazuje SAP ekran za dva simulacijska koraka (dvije potvrde proizvodnog naloga): klizanje 10 % i klizanje 20%.

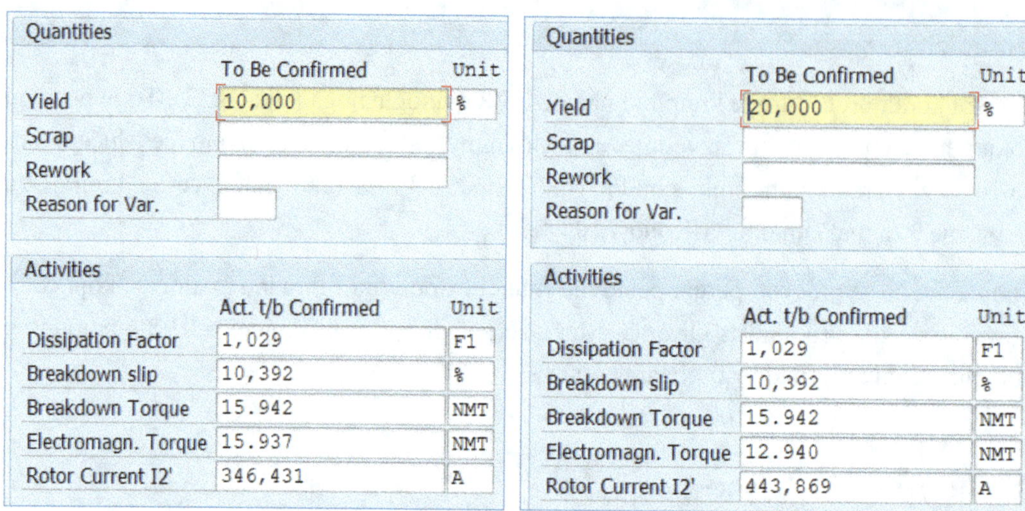

Slika 3.33: Rezultati simulacije za klizanje 10 % i 20 %

Na slici 3.34a je prikazana završna krivulja momenta u ovisnosti o klizanju za cijeli simulacijski proces. Na isti način se kreira krivulja ovisnosti struje o klizanju.

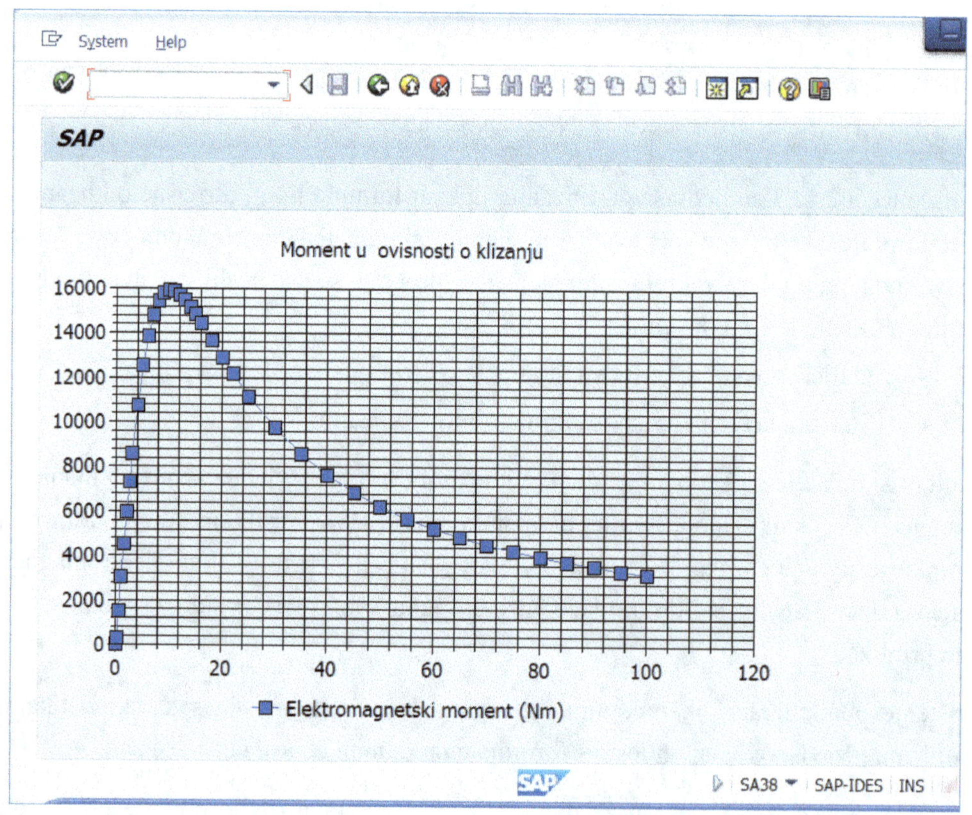

Slika 3.34a: Statička karakteristika asinkronog stroja dobivena simulacijom u SAP ERP sustavu

Izrada specifičnih grafova kao na slici 3.34a nije dio standardnih SAP funkcionalnosti. Da bi se graf sa slike 3.34a kreirao direktno u SAP-u, bilo je potrebno dodatno programiranje u programskom jezik ABAP [27], koji se koristi za sve SAP funkcionalnosti. Mogući dodatak ovom dijelu procesa bi bio ABAP program za automatsko očitavanje vrijednosti momenta i povezana automatska izrada grafa.

Kod ovog se primjera može načiniti zanimljiva usporedba rezultata dobivenih u SAP-u, s rezultatima dobivenim originalnim izračunima i simulacijama [25]. Na slici 3.34b je dana jedna takva usporedba.

Razlika u iznosu prekretnog klizanja se tumači dodatnim iteracijama načinjenima u [25]. U originalnom izračunu se uključio utjecaj promjene otpora rotora ovisno o klizanju, tako da je nakon više iteracija izračunato prekretno klizanje u vrijednosti od 3,2 %.

Odstupanje vidljivo na slici 3.34b se može smatrati prihvatljivim u slučajevima kada je glavni faktor izbora stroja njegov prekretni moment, jer je na slici vidljivo da je razlika u prekretnom momentu gotovo zanemariva.

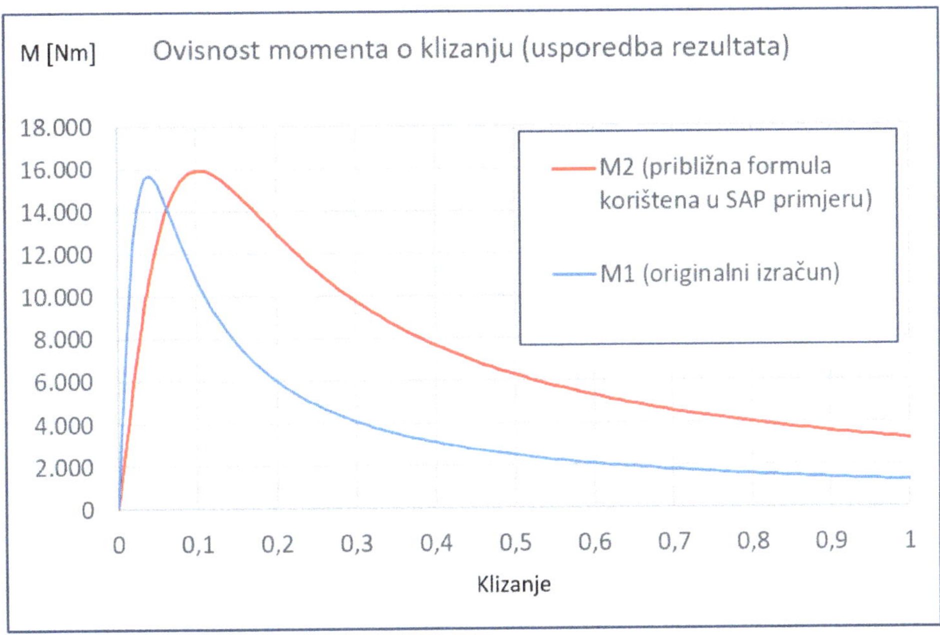

Slika 3.34b: Usporedba rezultata dobivenih pojednostavljenom simulacijom u SAP ERP sustavu s rezultatima originalnih izračuna [25]

Uključivanje dodatnih iteracija i točnijih matematičkih izraza za elektromagnetski moment nije moguće uz korištenje ove metode simulacije, ali je svakako moguće u slučaju korištenja karakteristika i varijantne konfiguracije, metode koja se u ovom radu koristi za izračun osnovnih dimenzija transformatora.

3.2. Transformatori – analitički model

Prema [28], kod razmatranja fizikalne slike rada transformatora, a pogotovo kod crtanja vektorskog dijagrama, preračunavaju se veličine sekundarnog namota na primarni broj zavoja. Vektorski dijagram se uvijek crta s pretpostavkom jednakog broja zavoja obaju namota.

3.2.1. Ekvivalentna shema i vektorski dijagram

Potpuna nadomjesna shema transformatora, prikazana na slici 3.35 omogućuje analitičko računanje ponašanja transformatora kod opterećenja [28].

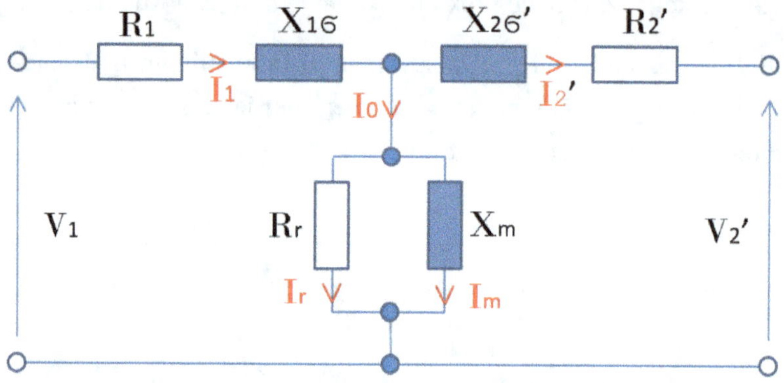

Slika 3.35: Ekvivalentna shema transformatora

Na slici 3.36 je prikazan potpuni vektorski dijagram transformatora opterećenog induktivnim potrošačem.

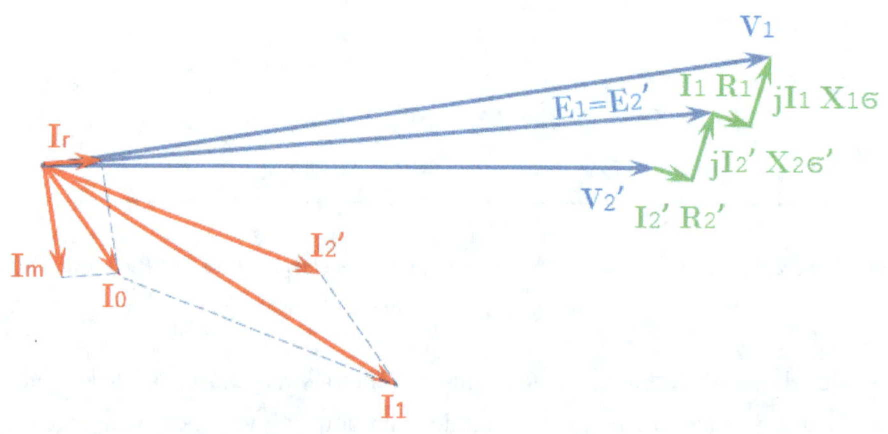

Slika 3.36: Vektorski dijagram transformatora s induktivnim opterećenjem

3.2.2. Izrada analitičkog modela transformatora u SAP ERP-u

Ideja postupka je prikazana na slici 3.37. Na osnovu poznatih vrijednosti parametara nadomjesne sheme (model za izračun parametara je opisan u poglavlju 3.1.3.), ubacivanjem poznatih matematičkih izraza u prethodno kreirane zavisnosti, na već poznati način izvodi se izračun vrijednosti elemenata vektorskog dijagrama transformatora.

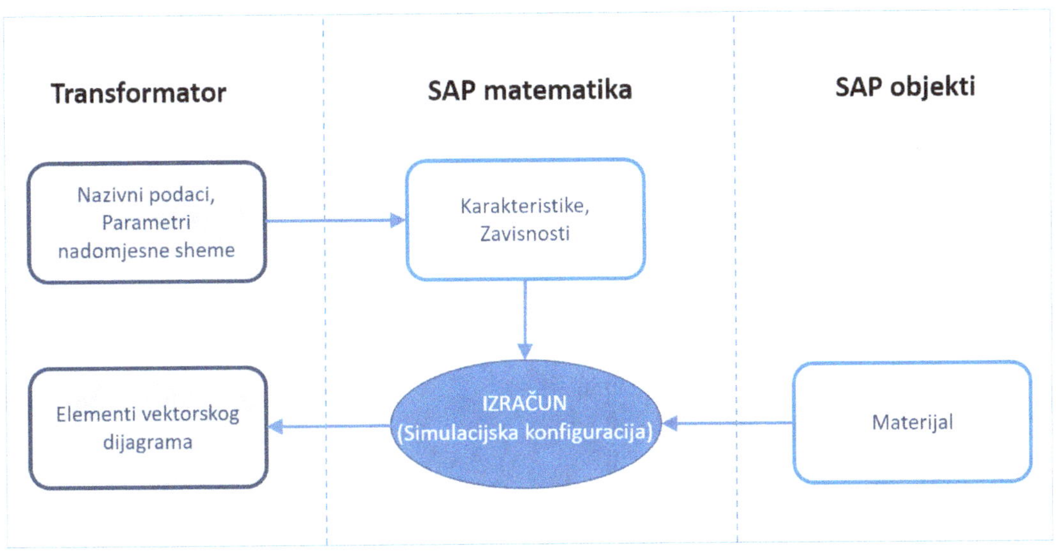

Slika 3.37: Ideja postupka za izračunavanje elemenata vektorskog dijagrama transformatora

U tablici 3.5 su prikazane kreirane SAP karakteristike za parametre nazivnih podataka i parametre nadomjesne sheme.

Tablica 3.5. Nazivni podaci i parametri nadomjesne sheme transformatora

Parametar	SAP karakteristika
S_n (Nazivna snaga)	Z_FER_101
U_1 (Nazivni napon primarne strane)	Z_FER_102
U_2 (Nazivni napon sekundarne strane)	Z_FER_103
$\cos \varphi$ (Faktor snage)	Z_FER_104
R_1 (Fazni otpor primarnog namota)	Z_FER_111
R_2' (Preračunati otpor sekundarnog namota)	Z_FER_112
R_0 (Otpor magnetskog polja)	Z_FER_113
X_0 (Reaktancija magnetskog polja)	Z_FER_114
$X_{1\sigma}$ (Rasipna reaktancija primarnog namota)	Z_FER_115
$X_{2\sigma}'$ (Preračunata rasipna sekundarnog namota)	Z_FER_116

Specifičnost u odnosu na prethodne dijelove modela je rješavanje matematičkih izraza s kompleksnim brojevima. Budući da u sklopu raspoloživih matematičkih mogućnosti ne postoji opcija rada s realnim i imaginarnim osima, jedini način računanja je bio da se posebne karakteristike i zavisnosti kreiraju za apsolutne vrijednosti, te posebne za izračun vrijednost argumenta. U tablici 3.6 je dan popis svih karakteristika i zavisnosti kreiranih za potrebe izračunavanja elemenata vektorskog dijagrama.

Tablica 3.6. SAP karakteristike i zavisnosti za elemente vektorskog dijagrama

Parametar	SAP karakteristika	SAP zavisnost
I_2' (Preračunata fazna struja sekundarnog namota)	Z_FER_121	Z_FER_121
φ (argument: Faktor snage)	Z_FER_122	Z_FER_122
Z_2' (Preračunata impedancija sekundarnog namota)	Z_FER_123	Z_FER_123
Argument impedancije sekundarnog namota	Z_FER_124	Z_FER_124
Zbrojni argument (faktor snage + imped. sek. namota)	Z_FER_125	Z_FER_125
$E_1=E_2'$ (Inducirani napon)	Z_FER_126	Z_FER_126
Argument induciranog napona	Z_FER_127	Z_FER_127
I_m (Struja magnetiziranja)	Z_FER_128	Z_FER_128
Argument struje magnetiziranja	Z_FER_129	Z_FER_129
I_r (Struja gubitaka jezgre)	Z_FER_130	Z_FER_130
Argument struje gubitaka jezgre	Z_FER_131	Z_FER_131
I_0 (Struja praznog hoda)	Z_FER_132	Z_FER_132
Argument struje praznog hoda	Z_FER_133	Z_FER_133
I_1 (Struja primarne strane)	Z_FER_134	Z_FER_134
Argument struje primarne strane	Z_FER_135	Z_FER_135
V_1 (Fazni napon primarne strane)	Z_FER_136	Z_FER_136
Argument faznog napona primarne strane	Z_FER_137	Z_FER_137
Gubici na otporu R_1	Z_FER_141	Z_FER_141
Gubici na otporu R_0	Z_FER_142	Z_FER_142
Gubici na otporu R_2	Z_FER_143	Z_FER_143
Stupanj korisnosti	Z_FER_145	Z_FER_145

Napomena: Vezano uz točnost rezultata, ona je definirana brojem decimala postavljenim kod kreiranja karakteristika i brojeva u formulama, tj. objektnim zavisnostima (npr. broj π je u ovom radu definiran s 5 decimala).

U nastavku se koriste standardni tehnički izrazi prema [28] i [29].

Preračunata fazna struja sekundarne strane (zavisnost Z_FER_121):

$$I_2' = \frac{S_n}{U_2} \cdot \frac{U_2}{U_1} = \frac{S_n}{U_1} \tag{30}$$

```
Source Code
              $self.Z_FER_121 = $self.Z_FER_101 / $self.Z_FER_102
```

Napomena: tehnički izrazi prebačeni u SAP formu se u nastavku neće posebno označavati, nego se smatra da spadaju pod oznaku samog tehničkog izraza (formule).

Kut između napona i struje sekundarne strane (zavisnost Z_FER_122):

$$\varphi = cos^{-1}(cos\,\varphi) \tag{31}$$

```
Source Code
              $self.Z_FER_122 = - arccos ( $self.Z_FER_104 ) * 180 / 3.14159
```

Preračunata impedancija sekundarne strane (zavisnost Z_FER_123):

$$Z_2' = \sqrt{R_2'^2 + X_2'^2} \tag{32}$$

```
Source Code
              $self.Z_FER_123 = SQRT ( $self.Z_FER_115 * $self.Z_FER_115 +
              $self.Z_FER_116 * $self.Z_FER_116 )
```

Kut impedancije sekundarne strane (zavisnost Z_FER_124):

$$\vartheta = tan^{-1}\left(\frac{R_2'}{X_2'}\right) \tag{33}$$

```
Source Code
              $self.Z_FER_124 = arctan ( $self.Z_FER_116 / $self.Z_FER_115) *
              180 / 3.14159
```

Zbirni kut $\varphi + \vartheta$ (zavisnost Z_FER_125):

$$\delta = \varphi + \vartheta \tag{34}$$

Source Code	
	`$self.Z_FER_125 = $self.Z_FER_122 + $self.Z_FER_124`

Inducirani napon (Zavisnost Z_FER_126):

$$E = \sqrt{(U_{1n} + I_2{}' \cdot Z_2{}' \cdot \cos \delta)^2 + (I_2{}' \cdot Z_2{}' \cdot \sin \delta)^2} \tag{35}$$

```
$self.Z_FER_126 = SQRT (
                ($self.Z_FER_102 + $self.Z_FER_121 * $self.Z_FER_123 *
                cos($self.Z_FER_125 * 3.14159 / 180)) *
                ($self.Z_FER_102 + $self.Z_FER_121 * $self.Z_FER_123 *
                cos($self.Z_FER_125 * 3.14159 / 180)) +
                ($self.Z_FER_121 * $self.Z_FER_123 *
                sin($self.Z_FER_125 * 3.14159 / 180)) *
                ($self.Z_FER_121 * $self.Z_FER_123 *
                sin($self.Z_FER_125 * 3.14159 / 180 )))
```

Kut induciranog napona (Zavisnost Z_FER_127):

$$\rho = \sin^{-1}\left(\frac{I_2{}' \cdot Z_2{}' \cdot \sin \delta}{U_{1n} + I_2{}' \cdot Z_2{}' \cdot \cos \delta}\right) \tag{36}$$

```
$self.Z_FER_126 = SQRT (
                ($self.Z_FER_102 + $self.Z_FER_121 * $self.Z_FER_123 *
                cos($self.Z_FER_125 * 3.14159 / 180)) *
                ($self.Z_FER_102 + $self.Z_FER_121 * $self.Z_FER_123 *
                cos($self.Z_FER_125 * 3.14159 / 180)) +
                ($self.Z_FER_121 * $self.Z_FER_123 *
                sin($self.Z_FER_125 * 3.14159 / 180)) *
                ($self.Z_FER_121 * $self.Z_FER_123 *
                sin($self.Z_FER_125 * 3.14159 / 180 )))
```

Struja magnetiziranja (Zavisnost Z_FER_128):

$$I_m = \frac{E}{X_m} \tag{37}$$

Source Code	
	`$self.Z_FER_128 = $self.Z_FER_126 / $self.Z_FER_114`

Kut struje magnetiziranja (Zavisnost Z_FER_129):

$$\beta_1 = \rho - 90°$$ (38)

Source Code	$self.Z_FER_129 = $self.Z_FER_121 - 90

Radna komponenta struje praznog hoda (Zavisnost Z_FER_130):

$$I_r = \frac{E}{R_0}$$ (39)

Source Code	$self.Z_FER_130 = $self.Z_FER_126 / $self.Z_FER_113

Kut radne komponente struje praznog hoda (Zavisnost Z_FER_131):

$$\beta_2 = \rho - 0°$$ (40)

Source Code	$self.Z_FER_131 = $self.Z_FER_127

Struja praznog hoda (Zavisnost Z_FER_132):

$$I_0 = \sqrt{I_r^2 + I_m^2}$$ (41)

Source Code	$self.Z_FER_132 = SQRT ($self.Z_FER_130 * $self.Z_FER_130 + $self.Z_FER_128 * $self.Z_FER_128)

Kut struje praznog hoda (Zavisnost Z_FER_133):

$$\beta_3 = cos^{-1}\left(\frac{I_m \cdot cos\,\beta_1 + I_r \cdot cos\,\beta_2}{I_0}\right)$$ (42)

```
Source Code

        $self.Z_FER_133 = - arccos (
        ( $self.Z_FER_128 *
        cos ($self.Z_FER_129 * 3.14159 / 180) +
        $self.Z_FER_130 *
        cos ($self.Z_FER_131 * 3.14159 / 180) ) /
        $self.Z_FER_132 ) * 180 / 3.14159
```

Struja primarne strane (Zavisnost Z_FER_134):

$$I_1 = \sqrt{(I_0 \cdot cos\,\beta_3 + I_2{}' \cdot cos\,\varphi)^2 + (I_0 \cdot sin\,\beta_3 + I_2{}' \cdot sin\,\varphi)^2} \qquad (43)$$

```
Source Code

        $self.Z_FER_134 = SQRT (
        ($self.Z_FER_132 * cos($self.Z_FER_133 * 3.14159 / 180 ) +
         $self.Z_FER_121 * cos ($self.Z_FER_122 * 3.14159 / 180)) *
         ($self.Z_FER_132 * cos($self.Z_FER_133 * 3.14159 / 180) +
         $self.Z_FER_121 * cos($self.Z_FER_122 * 3.14159 / 180 )) +
        ($self.Z_FER_132 * sin($self.Z_FER_133 * 3.14159 / 180) +
         $self.Z_FER_121 * sin($self.Z_FER_122 * 3.14159 / 180)) *
         ($self.Z_FER_132 * sin($self.Z_FER_133 * 3.14159 / 180) +
         $self.Z_FER_121 * sin($self.Z_FER_122 * 3.14159 / 180)))
```

Kut struje primarne strane (Zavisnost Z_FER_135):

$$\varepsilon = cos^{-1}\left(\frac{I_0 \cdot cos\,\beta_3 + I_2{}' \cdot cos\,\varphi}{I_1}\right) \qquad (44)$$

```
Source Code

        $self.Z_FER_135 = - arccos (
        ( $self.Z_FER_132 *
        cos ($self.Z_FER_133 * 3.14159 / 180) +
        $self.Z_FER_121 * $self.Z_FER_104 ) / $self.Z_FER_134 ) * 180 / 3.14159
```

Napon primarne strane (Zavisnost Z_FER_136):

$$V_1 = \sqrt{(U_{1n} + 2\,I_2' \cdot Z_2{}' \cdot cos\,\delta)^2 + (2\,I_2' \cdot Z_2{}' \cdot sin\,\delta)^2} \qquad (45)$$

```
$self.Z_FER_136 = SQRT (
($self.Z_FER_102+2*$self.Z_FER_121*$self.Z_FER_123*
 cos($self.Z_FER_125*3.14159/180))*
($self.Z_FER_102+2*$self.Z_FER_121*$self.Z_FER_123*
 cos($self.Z_FER_125*3.14159/180))+
(2 * $self.Z_FER_121 * $self.Z_FER_123 *
 sin($self.Z_FER_125*3.14159/180))*
(2 * $self.Z_FER_121 * $self.Z_FER_123 *
 sin($self.Z_FER_125*3.14159/180)))
```

Kut napona primarne strane (Zavisnost Z_FER_137):

$$\psi = sin^{-1}\left(\frac{2\,I_2' \cdot Z_2' \cdot sin\,\delta}{V_1}\right) \tag{46}$$


```
$self.Z_FER_137 = arcsin (
(2 * $self.Z_FER_121 * $self.Z_FER_123 *
sin($self.Z_FER_125 * 3.14159 / 180)) /
  $self.Z_FER_136 ) * 180 / 3.14159
```

Gubici uzrokovani strujom I_1 i otporom R_1 (Zavisnost Z_FER_141):

$$P_{g1} = I_1^2 \cdot R_1 \tag{47}$$


```
$self.Z_FER_141 = $self.Z_FER_134 * $self.Z_FER_134 * $self.Z_FER_111
```

Gubici uzrokovani strujom I_r i otporom R_0 (Zavisnost Z_FER_142):

$$P_{g2} = I_r^2 \cdot R_0 \tag{48}$$


```
$self.Z_FER_142 = $self.Z_FER_130 * $self.Z_FER_130 * $self.Z_FER_113
```

Gubici uzrokovani strujom I_2 i otporom R_2 (Zavisnost Z_FER_143):

$$P_{g3} = (I_2')^2 \cdot R_2' \tag{49}$$

```
Source Code

    $self.Z_FER_143 = $self.Z_FER_121 * $self.Z_FER_121 * $self.Z_FER_112
```

Faktor korisnosti (Zavisnost Z_FER_145):

$$\eta = \frac{S_n \cdot \cos \varphi}{S_n \cdot \cos \varphi + P_{g1} + P_{g2} + P_{g3}} \tag{50}$$

```
Source Code

    $self.Z_FER_145 = $self.Z_FER_101 * $self.Z_FER_104 /
    ( $self.Z_FER_101 * $self.Z_FER_104 + $self.Z_FER_141 +
    $self.Z_FER_142 + $self.Z_FER_143 )
```

3.2.3. Obrada primjera

Primjer je rađen prema [29]. Nazivna snaga transformatora je 150 kVA, Omjer napona je 2.400 V / 240 V, a faktor snage 0,8. Parametri nadomjesne sheme su navedeni u tablici 3.7.

U sustavu se jednostavnim korakom unesu nazivne vrijednosti i parametri nadomjesne sheme (slika 3.38), te se kao rezultat dobije ispis svih veličina (slika 3.39).

U tablici 3.8. je dan usporedni prikaz rezultata:

- Rezultati dobiveni SAP modelom
- Rezultati dobiveni originalnim izračunom u [29]

Vidljivo je da je razlika u iznosu izračunatih gubitaka je zanemariva: maksimalna razlika u rezultatima je 1 %.

Tablica 3.7. Parametri nadomjesne sheme transformatora

Parametar	SAP karakteristika	Vrijednost
R_1 (Fazni otpor primarnog namota)	Z_FER_111	0,20 Ω
R_2' (Preračunati otpor sekundarnog namota)	Z_FER_112	0,20 Ω
R_0 (Otpor magnetskog polja)	Z_FER_113	10,0 kΩ
X_0 (Reaktancija magnetskog polja)	Z_FER_114	1,55 kΩ
$X_{1\sigma}$ (Rasipna reaktancija primarnog namota)	Z_FER_115	0,45 Ω
$X_{2\sigma}'$ (Preračunata rasipna sekundarnog namota)	Z_FER_116	0,45 Ω

Material	A-01	Transformer Equivalent Circuit	
Date	06.06.2017	Quantity	1,000

Characteristic Value Assignment

Char. description	Char. Value	I...
Sn - Nominal Power (VA)	150.000 VA	
U1 - Nominal High Voltage	2.400 V	
U2 - Nominal Low Voltage	240 V	
Power factor Cos phi	0,800 F1	
R1 HV Phase Resistance	0,200 Ohm	
R2' Eq. LV Phase Resistance	0,200 Ohm	
Resistance Ro	10.000,000 Ohm	
Reactance Xo	1.550,000 Ohm	
X1s Leakage Reactance	0,450 Ohm	
X2s' Eq. Leakage Reactance	0,450 Ohm	

Slika 3.38: Definiranje nazivnih vrijednosti i vrijednosti parametara ekvivalentne sheme

Sn - Nominal Power (VA)	150.000 VA
U1 - Nominal High Voltage	2.400 V
U2 - Nominal Low Voltage	240 V
Power factor Cos phi	0,800 F1
R1 HV Phase Resistance	0,200 Ohm
R2' Eq. LV Phase Resistance	0,200 Ohm
Resistance Ro	10.000,000 Ohm
Reactance Xo	1.550,000 Ohm
X1s Leakage Reactance	0,450 Ohm
X2s' Eq. Leakage Reactance	0,450 Ohm
I2' - Eq. phase Current LV	62,50 A
Angle: Power factor	-36,86993 deg
Z2' Eq. LV Impedance	0,636 Ohm
Angle: LV Impedance	45,00004 deg
Angle: Power factor + LV imped	8,13011 deg
E1=E2' Induced voltage	2.439 V
Angle: Induced voltage	0,13212 deg
Im - Magnetizing Current	1,574 A
Angle: Magnetizing Current	-89,86788 deg
Ir - Core Losses Current	0,244 A
Angle: Core Losses Current	0,13212 deg
Io - No Load Current	1,593 A
Angle: No Load Current	-81,05714 deg
I1 - HV Current	63,65 A
Angle: HV Current	-37,86918 deg
V1 - Real High Voltage	2.479 V
Angle: Real High Voltage	0,26004 deg
Power Loss R1	810,3 W
Power Loss Ro	595,1 W
Power Loss R2	781,3 W
Efficiency	0,9821 F1

Slika 3.39: Rezultati primjera

Na sljedećih nekoliko slika su prikazani grafovi gdje se variranjem faktora snage sekundara razmatra ponašanje transformatora pri induktivnom opterećenju:

- Ovisnost primarnog napona o faktoru snage (slika 3.40)
- Ovisnost stupnja korisnosti o faktoru snage (slika 3.41)
- Ovisnost gubitaka o faktoru snage (slika 3.42)
- Ovisnost struje primarne strane o faktoru snage (slika 3.43)
- Argument struje primarne strane o faktoru snage (slika 3.44)

Tablica 3.8. Usporedba rezultata SAP izračuna s originalnim izračunom [29]

Parametar	SAP ERP izračun	Originalni izračun	Razlika (%)
E_1 (Inducirani napon)	2.439 V	2 427 V	0,49
Argument induciranog napona	0,132°	0,35°	-0,06
I_m (Struja magnetiziranja)	1,574 A	1,56 A	0,90
Argument struje magnetiziranja	-89,868°	-89,65°	0,24
I_r (Struja gubitaka jezgre)	0,244 A	0,2427 A	0,54
Argument struje gubitaka jezgre	0,132°	0°	0,04
I_0 (Struja praznog hoda)	1,593 A	1,58 A	0,82
Argument struje praznog hoda	-81,057°	-80,895°	0,20
I_1 (Struja VN strane)	63,65 A	63,65 A	0,00
Argument struje VN strane	-37,869°	-37,85°	0,05
V_1 (Priključni napon VN strane)	2.479 V	2 455 V	0,98
Argument napona VN strane	0,26°	0,7°	-0,12
Gubici	2.186,7 W	2 180 W	0,31
Efikasnost pri cosφ = 0,8	0,9821	0,982	0,01

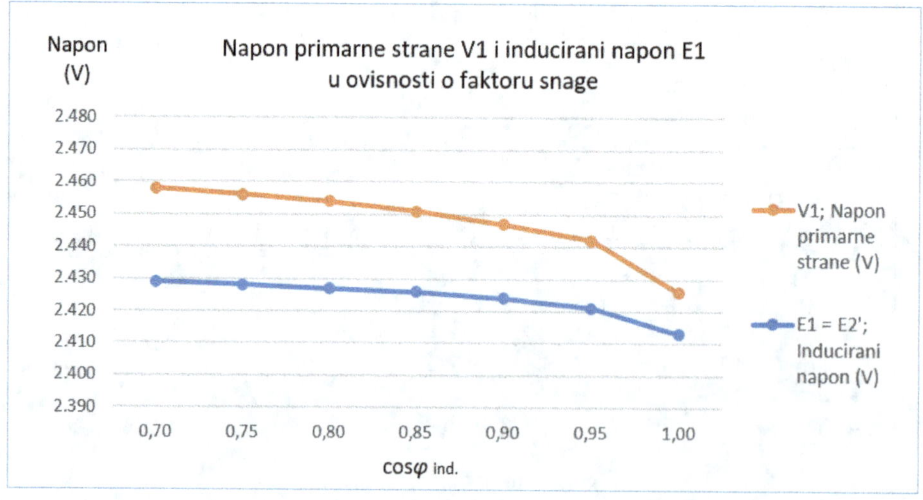

Slika 3.40: Napon u ovisnosti o faktoru snage

Grafovi se mogu raditi i direktno u SAP-u, ali jedino uz pomoć dodatnog ABAP programiranja, kao što je već navedeno u slučaju statičke karakteristike asinkronog motora. Sljedeće četiri slike su načinjene upravo na taj način: u ABAP-u je kreiran program ZGFW_PROG_TIME_AXIS kojim se pozivaju rezultati simulacije, te se automatski podešavaju obje osi i iscrtavaju relevantne krivulje.

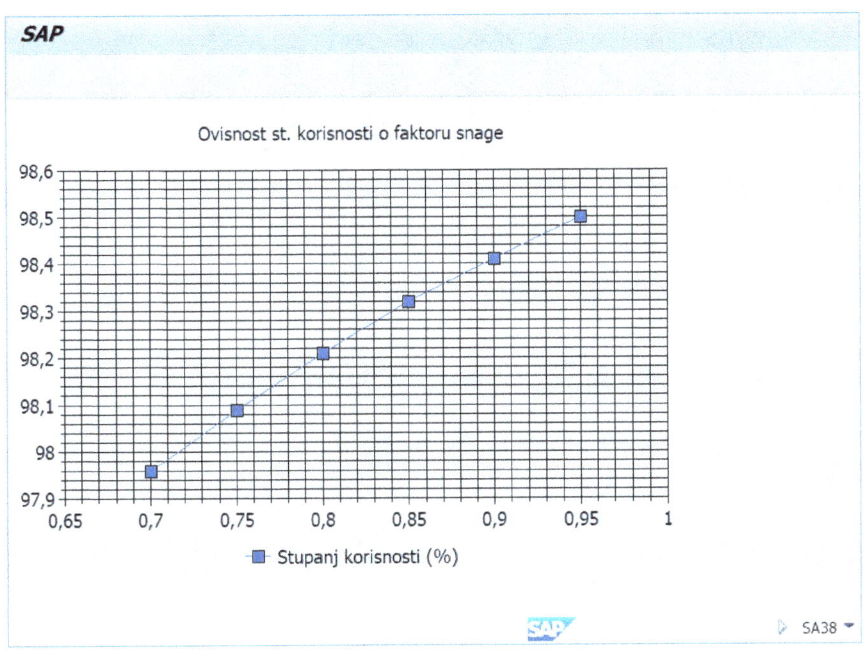

Slika 3.41: Stupanj korisnosti (%) u ovisnosti o faktoru snage

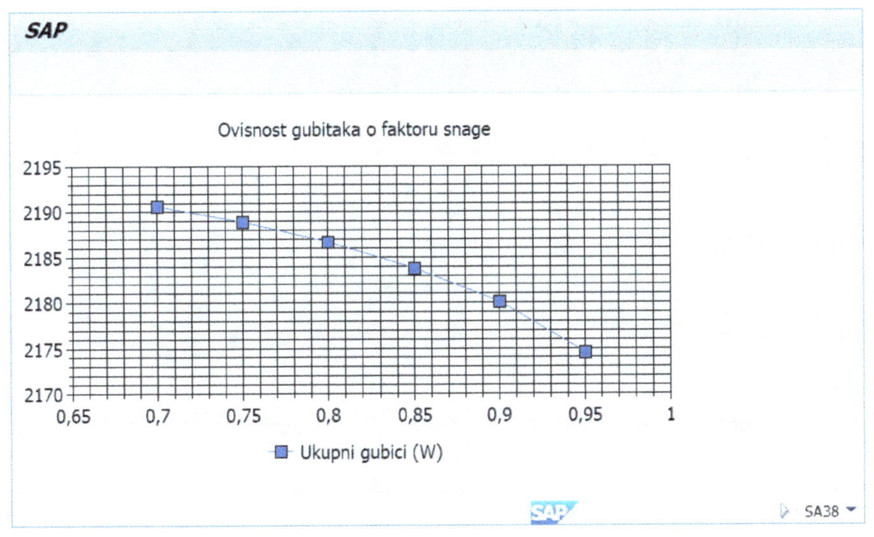

Slika 3.42: Ukupni gubici (W) u ovisnosti o faktoru snage

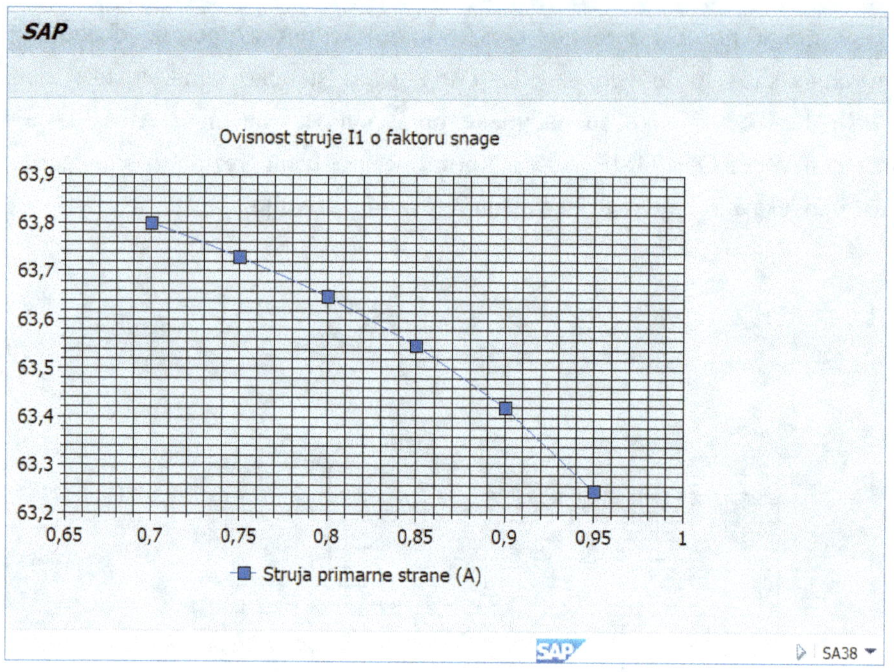

Slika 3.43: Struja primarne strane (A) u ovisnosti o faktoru snage

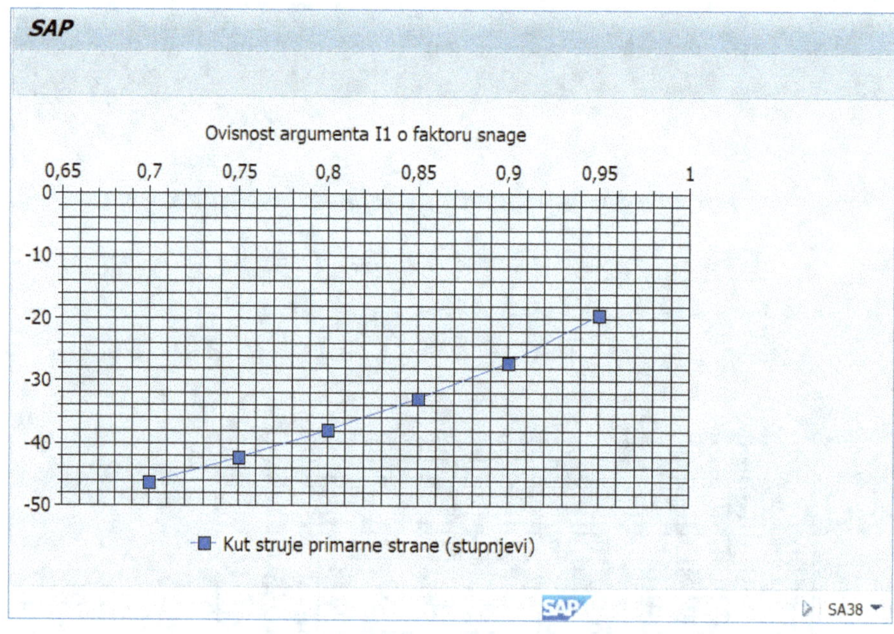

Slika 3.44: Kut struje primarne strane (^{0}) u ovisnosti o faktoru snage

3.3.   Transformatori – izračun dimenzija

Osnovna struktura transformatora kao značajne vrste električkih strojeva je prikazana i objašnjena u poglavlju 2.2. Transformator je vrlo kompleksan objekt i u SAP-u se redovno prikazuje kao višerazinski proizvod, s mnoštvom pravih i lažnih sklopova, tzv. fantoma, čime se omogućava detaljno praćenje svih radova i nastalih troškova. Ipak, u ovom istraživanju je korišten jednorazinski pristup, što će biti objašnjeno u poglavlju 4.3.

Proces izrade analitičkog modela koji je objašnjen u prethodnim poglavljima (izračun parametara nadomjesne sheme i izračunavanje elemenata vektorskog dijagrama) sada se proširuje s izračunom osnovnih dimenzija transformatora. Izračun se izvodi korištenjem SAP funkcionalnosti "Varijantna konfiguracija". Prvo se kreira niz potrebnih karakteristika (po jedna za svaku značajku koja se koristi u procesu izračuna), a zatim objektne zavisnosti, kojima se prikazuju formule. Za svaku veličinu koja se treba računati, mora postojati posebna zavisnost.

U odnosu na prethodno objašnjene dijelove modela, u proces izračuna dimenzija je potrebno uključiti niz iskustvenih faktora. Oni se uključuju u proces na način da se u SAP ERP sustavu kreiraju potrebne "Varijantne tablice" kojima bi se načinilo određivanje korektnih vrijednosti.

U svrhu izbora odgovarajuće metode izračuna dimenzija, analizirana je relevantna literatura [30], [31], [32], [33]. Obzirom da u ovom istraživanju nije cilj analizirati vrijednost pojedinih metoda izračuna dimenzija, izabrana je jednostavna metoda prema [33], iz razloga lakoće primjene i „prebacivanja" svih detalja, jednadžbi, grafova i tablica u SAP ERP.

U nastavku je prema navedenoj metodi prikazan primjer grubog dizajna jednog energetskog transformatora snage 5 MVA. Budući da se u ovom radu koristi primjer s istim ulaznim podacima kao u izvorniku [33], na kraju će biti načinjena usporedba dobivenih konačnih rezultata. Također, dana je i usporedba s nekoliko primjera tvorničkih proračuna.

3.3.1. Glavni koraci postupka izračuna dimenzija

Postupak se, prema izabranoj metodi iz [33] može prikazati u sljedećih devetnaest glavnih koraka:

1. Definiranje specifikacija
2. Izbor napona po zavoju
3. Izbor maksimalne indukcije
4. Izračun presjeka jezgre
5. Određivanje razmaka središta stupova
6. Izbor površine prozora
7. Broj zavoja visokonaponske strane (VN)
8. Broj zavoja niskonaponske strane (NN)
9. Izbor gustoće struje
10. Izračun presjeka vodiča NN
11. Izračun presjeka vodiča VN
12. Dizajn NN namota
13. Dizajn VN namota
14. Izračun reaktancije
15. Izračun otpora
16. Izračun impedancije
17. Izračun mase željeza
18. Izračun mase bakra
19. Izračun mase ulja

Kako je već navedeno, korištena metoda iz [33] se ne analizira, nego se dosljedno primjenjuje i „prebacuje" u SAP ERP. Svi tehnički izrazi i iskustveni faktori u poglavljima 3.3.2. do 3.3.7. su preuzeti iz [33].

Osnovne dimenzije jezgre i namota s oznakama koje se koriste u nastavku teksta su prikazane na slikama 3.45a i 3.45b.

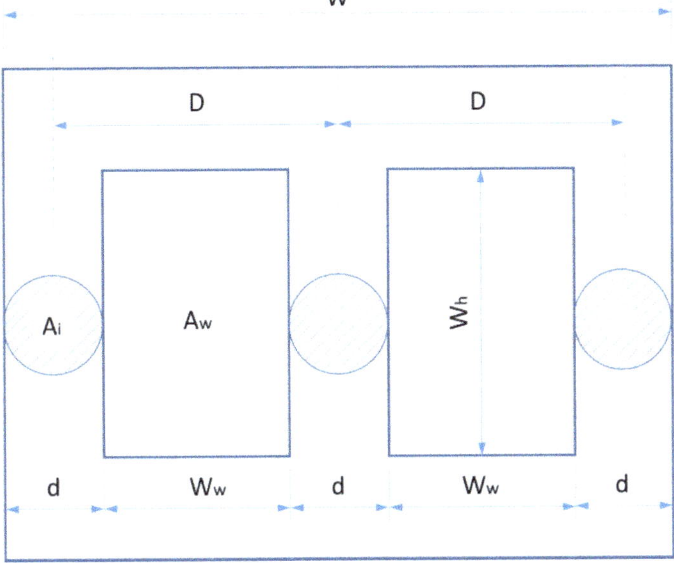

Slika 3.45a: Presjek jezgre transformatora

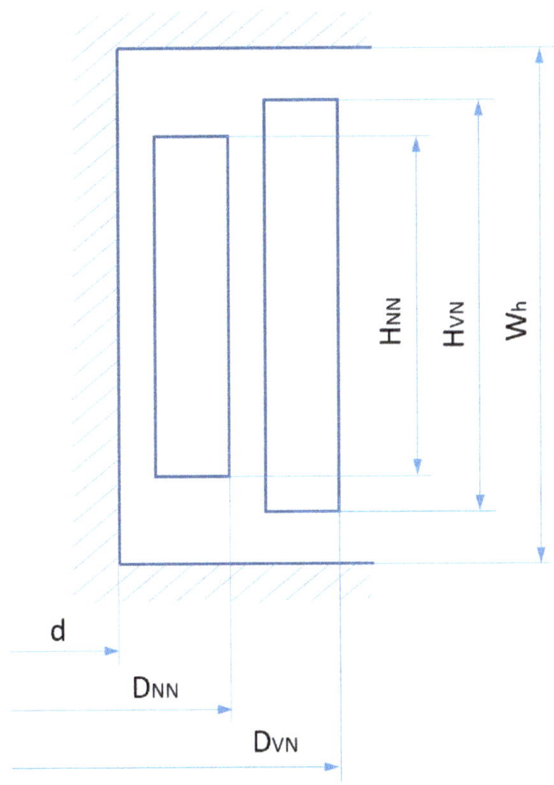

Slika 3.45b: Presjek namota transformatora

3.3.2.   Priprema sustava

Na osnovu polaznih parametara (nazivna snaga, primarni i sekundarni naponi, broj faza, vrsta spoja i frekvencija), te pomoću niza iskustvenih faktora, radi se izračun glavnih dimenzija jezgre i namota, izračun reaktancije, otpora i impedancije te izračun mase jezgre (potrebna količina magnetskog lima), namota (potrebna količina bakra) i ulja.

Polazni parametri:

- nazivna snaga transformatora...   5 MVA
- napon VN   ...   66 kV, spoj trokut
- napon NN   ...   11 kV, spoj trokut
- broj faza   ...   3
- frekvencija   ...   50 Hz

Birani parametri (tipično za energetske transformatore):

- vrsta transformatorskog lima ...   hladno valjani
- debljina lima   ...   0,35 mm
- maksimalna indukcija   ...   1,6 T
- oblik jezgre (broj stupnjeva) ...   9
- gustoća struje   ...   3 A/mm2
- faktor prozora   ...   0,29
- faktor slaganja jezgre   ...   0,92
- omjer visine i širine prozora ...   2,8

Napomena: Za gustoću struje primara i sekundara je u svim primjerima u nastavku rada uzeta vrijednost 3 A/mm², u skladu s osnovnom literaturom [33], te u skladu s nekoliko primjera u usporednoj literaturi ([35]; Kulkarni, Khaparde: Transformer Engineering, 2013; Volčkov: Proračun energetskih transformatora, 1981.)

Parametri i veličine koji se trebaju izračunati:

- faktor prostora jezgre
- nazivna fazna struja VN i NN
- presjek vodiča VN i NN
- napon po zavoju
- broj zavoja VN i NN
- površina stupa jezgre
- promjer stupa jezgre
- površina prozora
- širina prozora

- visina prozora
- vanjski promjer NN namota
- visina NN namota
- srednja duljina vodiča NN namota
- vanjski promjer VN namota
- visina VN namota
- srednja duljina vodiča VN namota
- srednja visina namota

Glavni izlazni parametri:

- reaktancija (%)
- radni otpor NN
- radni otpor VN
- ekvivalentni radni otpor
- radni otpor (%)
- impedancija (%)

- volumen jezgre
- masa jezgre
- masa namota NN
- masa namota VN
- ukupna masa bakra
- masa ulja

U SAP-u je za potrebe izračuna dimenzija kreirano niz karakteristika, dodijeljenih klasi FER_300, tipa klase 300, predviđenog za rad s konfigurabilnim proizvodima (slika 3.46a).

Materijal (proizvod) koji će se koristiti kao transformator, A-1000, je označen kao konfigurabilan, te se za njega kreira profil konfiguracije i potrebne zavisnosti.

Zbog velikog broja karakteristika i zavisnosti, u nastavku će se pomoću grafičkog povezivanja pokušati olakšati praćenje toka proračuna. Prikaz svih karakteristika je dan na slici 3.46b.

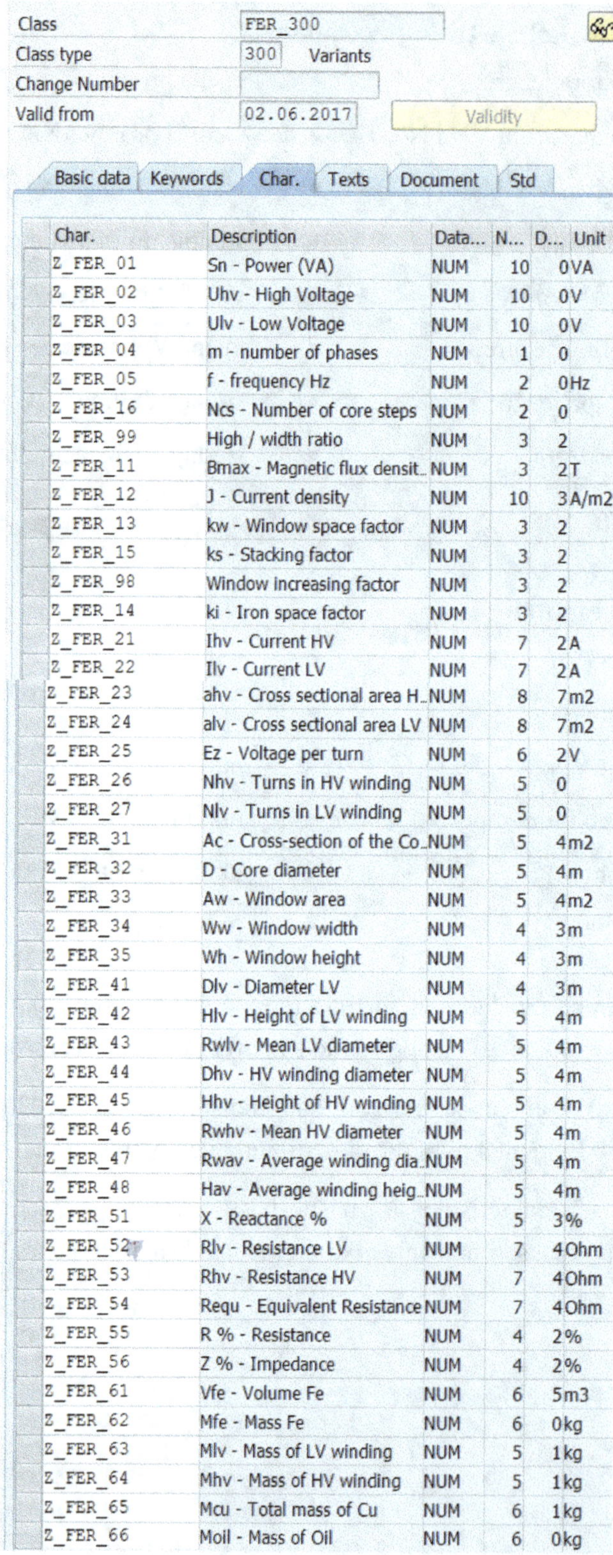

Char.	Description	Data...	N...	D... Unit
Z_FER_01	Sn - Power (VA)	NUM	10	0 VA
Z_FER_02	Uhv - High Voltage	NUM	10	0 V
Z_FER_03	Ulv - Low Voltage	NUM	10	0 V
Z_FER_04	m - number of phases	NUM	1	0
Z_FER_05	f - frequency Hz	NUM	2	0 Hz
Z_FER_16	Ncs - Number of core steps	NUM	2	0
Z_FER_99	High / width ratio	NUM	3	2
Z_FER_11	Bmax - Magnetic flux densit...	NUM	3	2 T
Z_FER_12	J - Current density	NUM	10	3 A/m2
Z_FER_13	kw - Window space factor	NUM	3	2
Z_FER_15	ks - Stacking factor	NUM	3	2
Z_FER_98	Window increasing factor	NUM	3	2
Z_FER_14	ki - Iron space factor	NUM	3	2
Z_FER_21	Ihv - Current HV	NUM	7	2 A
Z_FER_22	Ilv - Current LV	NUM	7	2 A
Z_FER_23	ahv - Cross sectional area H...	NUM	8	7 m2
Z_FER_24	alv - Cross sectional area LV	NUM	8	7 m2
Z_FER_25	Ez - Voltage per turn	NUM	6	2 V
Z_FER_26	Nhv - Turns in HV winding	NUM	5	0
Z_FER_27	Nlv - Turns in LV winding	NUM	5	0
Z_FER_31	Ac - Cross-section of the Co...	NUM	5	4 m2
Z_FER_32	D - Core diameter	NUM	5	4 m
Z_FER_33	Aw - Window area	NUM	5	4 m2
Z_FER_34	Ww - Window width	NUM	4	3 m
Z_FER_35	Wh - Window height	NUM	4	3 m
Z_FER_41	Dlv - Diameter LV	NUM	4	3 m
Z_FER_42	Hlv - Height of LV winding	NUM	5	4 m
Z_FER_43	Rwlv - Mean LV diameter	NUM	5	4 m
Z_FER_44	Dhv - HV winding diameter	NUM	5	4 m
Z_FER_45	Hhv - Height of HV winding	NUM	5	4 m
Z_FER_46	Rwhv - Mean HV diameter	NUM	5	4 m
Z_FER_47	Rwav - Average winding dia...	NUM	5	4 m
Z_FER_48	Hav - Average winding heig...	NUM	5	4 m
Z_FER_51	X - Reactance %	NUM	5	3 %
Z_FER_52	Rlv - Resistance LV	NUM	7	4 Ohm
Z_FER_53	Rhv - Resistance HV	NUM	7	4 Ohm
Z_FER_54	Requ - Equivalent Resistance	NUM	7	4 Ohm
Z_FER_55	R % - Resistance	NUM	4	2 %
Z_FER_56	Z % - Impedance	NUM	4	2 %
Z_FER_61	Vfe - Volume Fe	NUM	6	5 m3
Z_FER_62	Mfe - Mass Fe	NUM	6	0 kg
Z_FER_63	Mlv - Mass of LV winding	NUM	5	1 kg
Z_FER_64	Mhv - Mass of HV winding	NUM	5	1 kg
Z_FER_65	Mcu - Total mass of Cu	NUM	6	1 kg
Z_FER_66	Moil - Mass of Oil	NUM	6	0 kg

Slika 3.46a: Popis kreiranih karakteristika za potrebe izračuna dimenzija

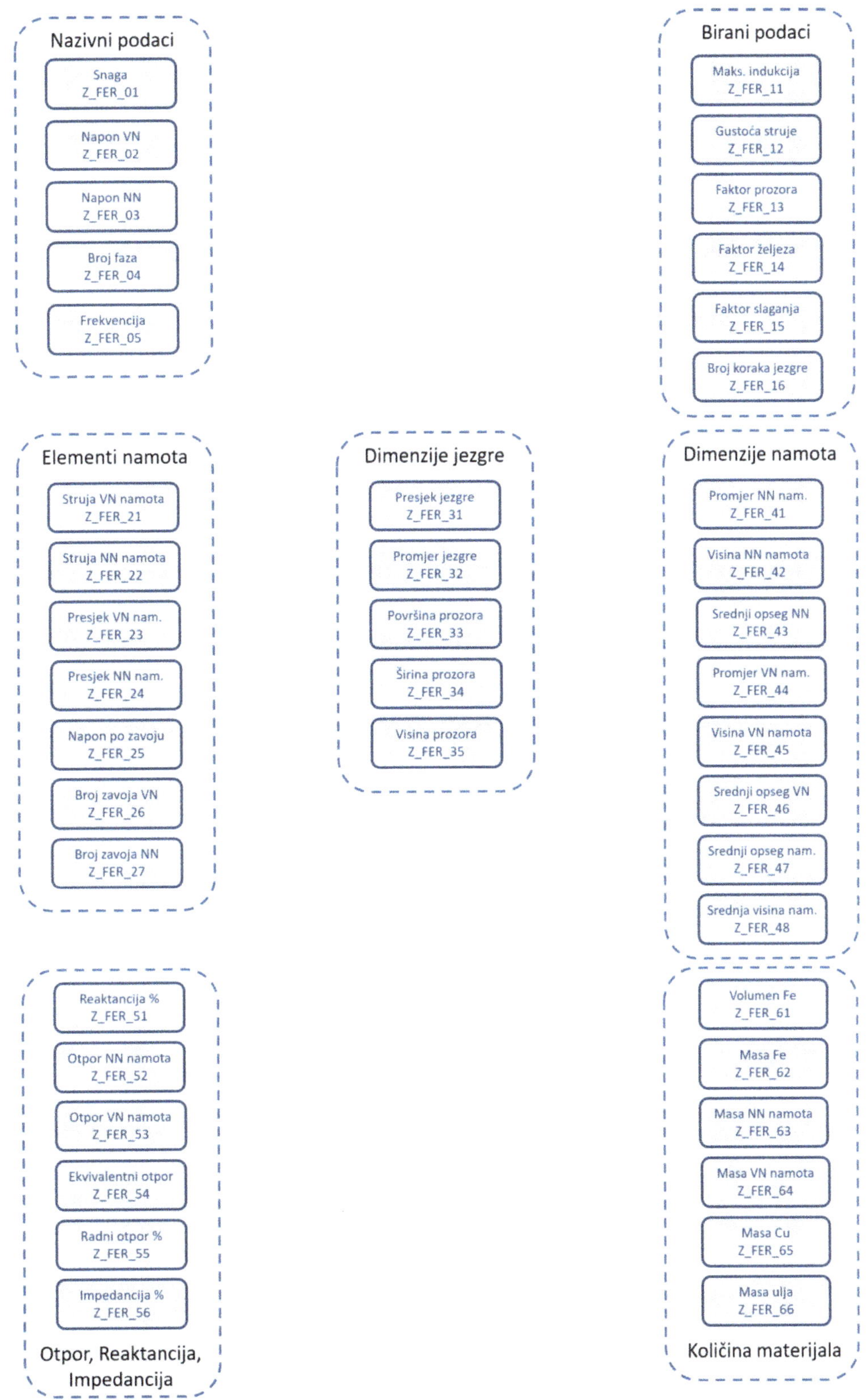

Slika 3.46b: Prikaz i grupiranje kreiranih karakteristika za potrebe izračuna dimenzija

Princip korištenja zavisnosti s izračunavanjem vrijednosti pomoću formule je obrađen u prethodnim poglavljima. Ovdje se susrećemo s potrebom korištenja tablica.

Za potrebe korištenja tabličnih vrijednosti (ili raznih dijagrama), potrebno je u SAP-u kreirati varijantnu tablicu, gdje se definiraju moguće vrijednosti. U ovom primjeru je na taj način riješeno određivanje parametra "faktor prostora jezgre", gdje se pomoću iskustvenih tablica definira ovisnost navedenog faktora o obliku jezgre [33]. Izgled varijantne tablice je dan na slici 3.47, a izgled kreirane zavisnosti na slici 3.48.

```
Table            Z_FER_14            Iron Core space factor table

Ncs - Number of core steps ki - Iron space factor


5                             0,86
6                             0,86
7                             0,88
8                             0,88
9                             0,89
10                            0,89
```

Slika 3.47: Primjer varijantne tablice za potrebe izračuna dimenzija

```
Dependency       Z_FER_14                            SCE Format
General Data

Description          ki - Iron space factor             Documentation
Status               1          Released
Dependency Group     FER        FER Zagreb
Maintenance Auth.


Dependency Type
Precondition              Action
Selection condition       Procedure


Procedure        Z_KPT_14                     ki - Iron space factor


        ....+....1....+....2....+....3....+....4....+....5....+....6....+....7
Source Code
000010  table Z_KPT_14 ( Z_KPT_16 = $self.Z_KPT_16, Z_KPT_14=$self.Z_KPT_14 )
```

Slika 3.48: Primjer zavisnosti za korištenje tabličnih vrijednosti za potrebe izračuna dimenzija

3.3.3.   Izračun elemenata namota

Prikaz povezanosti i međusobnog utjecaja karakteristika za izračunavanje elemenata namota je dan na slici 3.49.

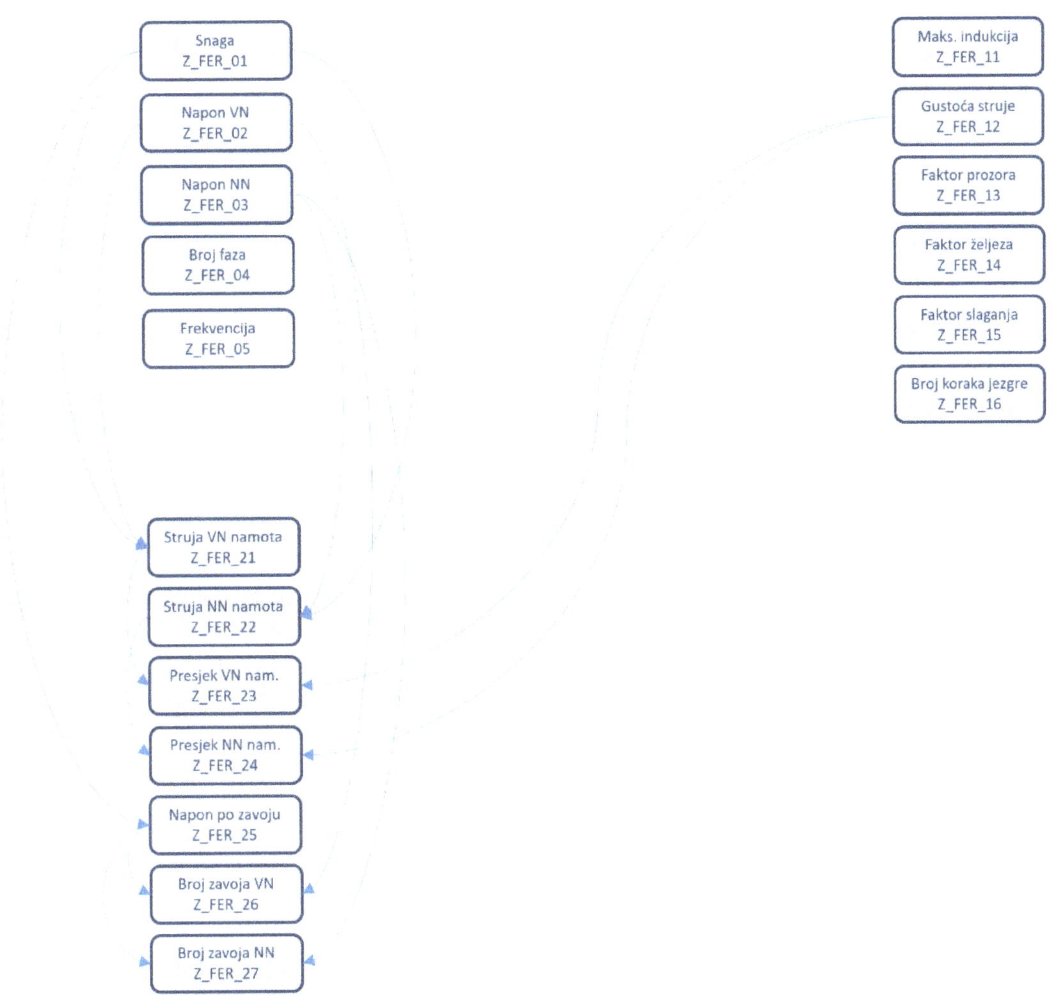

Slika 3.49: Utjecaj pojedinih karakteristika za potrebe izračuna elemenata namota

Fazna struja VN (zavisnost Z_FER_21)

$$I_{f\,VN} = \frac{S_n}{3 \cdot U_{f\,VN}}$$ (51)

```
Source Code    $self.Z_FER_21 = $self.Z_FER_01 / $self.Z_FER_02 / 3
```

Napomena: tehnički izrazi prebačeni u SAP formu se u nastavku neće posebno označavati.

Fazna struja NN (zavisnost Z_FER_22)

$$I_{f\,NN} = \frac{S_n}{3 \cdot U_{f\,NN}}$$ (52)

```
Source Code    $self.Z_FER_22 = $self.Z_FER_01 / $self.Z_FER_03 / 3
```

Presjek vodiča VN (zavisnost Z_FER_23)

$$a_{VN} = \frac{I_{f\,VN}}{\delta}$$ (53)

```
Source Code    $self.Z_FER_23 = $self.Z_FER_21 / $self.Z_FER_12
```

Presjek vodiča NN (zavisnost Z_FER_24)

$$a_{NN} = \frac{I_{f\,NN}}{\delta}$$ (54)

```
Source Code    $self.Z_FER_24 = $self.Z_FER_22 / $self.Z_FER_12
```

Napon po zavoju (zavisnost Z_FER_25)

$$E_Z = \frac{\sqrt{S_N/3}}{40}$$ (55a)

<table>
<tr><td>Source Code</td><td>$self.Z_FER_25 = SQRT (($self.Z_FER_01) / 3) / 40</td></tr>
</table>

Izraz (55a) je iskustveni izraz preuzet iz [33]. Za usporedbu, literatura [35] daje sljedeći iskustveni izraz za energetske transformatore:

$$E_Z = 0{,}45 \sqrt{\frac{S_N}{1000}} \qquad (55b)$$

Izrazi (55a) i (55b) se međusobno razlikuju za 1,4%.

Broj zavoja VN strane (zavisnost Z_FER_26)

$$N_{VN} = \frac{U_{f\,VN}}{E_Z} \qquad (56)$$

<table>
<tr><td>Source Code</td><td>$SELF.Z_FER_26 = $SELF.Z_FER_02 / $SELF.Z_FER_25</td></tr>
</table>

Broj zavoja NN strane (zavisnost Z_FER_27)

$$N_{NN} = \frac{U_{f\,NN}}{E_Z} \qquad (57)$$

<table>
<tr><td>Source Code</td><td>$SELF.Z_FER_27 = $SELF.Z_FER_03 / $SELF.Z_FER_25</td></tr>
</table>

3.3.4. Izračun osnovnih dimenzija jezgre

Izgled završene jezgre je dan na slici 3.50, a prikaz povezanosti i međusobnog utjecaja karakteristika za izračunavanje elemenata dimenzija jezgre je dan na slici 3.51.

Presjek jezgre (zavisnost Z_FER_31)

$$A_i = \frac{E_Z}{4{,}44\ B_m\ f}$$
(58)

Source Code	
	`$self.Z_FER_31 = $self.Z_FER_25 / 4.44 / $self.Z_FER_11 / $self.Z_FER_05`

Slika 3.50: Prikaz završene jezgre jezgrastog tipa [21]

Promjer jezgre (zavisnost Z_FER_32)

$$D = \sqrt{\frac{4\,A_i}{k_i\,k_s\,\pi}} \tag{59}$$

Source Code	
	`$self.Z_FER_32 = SQRT ( $self.Z_FER_31 * 4 /` `                    $self.Z_FER_14 / $self.Z_FER_15 / 3.14159265 )`

Površina prozora (zavisnost Z_FER_33)

$$A_w = \frac{S_n}{3,33\,A_i\,k_w\,\delta B_m\,f}\,k_{PP} \tag{60}$$

$$k_{PP} = faktor\ povećanja\ prozora$$

Source Code	

	`$self.Z_FER_33 = $self.Z_FER_01 / 3.33 / $self.Z_FER_31 /`
	`$self.Z_FER_13 / $self.Z_FER_12 / $self.Z_FER_11 / $self.Z_FER_05`
	` * $self.Z_FER_98`

U originalni izraz za površinu prozora je uključen dodatni faktor nazvan „faktor povećanja prozora", u svrhu jednostavnijeg usklađenja s izvornom metodom [33], gdje se radi dodatno iskustveno povećavanje izračunate površine prozora.

Širina prozora (Z_FER_34) se dobiva uključivanjem omjera visine i širine prozora:

$$W_w = \sqrt{\frac{A_w}{Z\_FER\_99}} \tag{61}$$

Source Code	
	`$self.Z_FER_34 = SQRT ( $self.Z_FER_33 / $self.Z_FER_99 )`

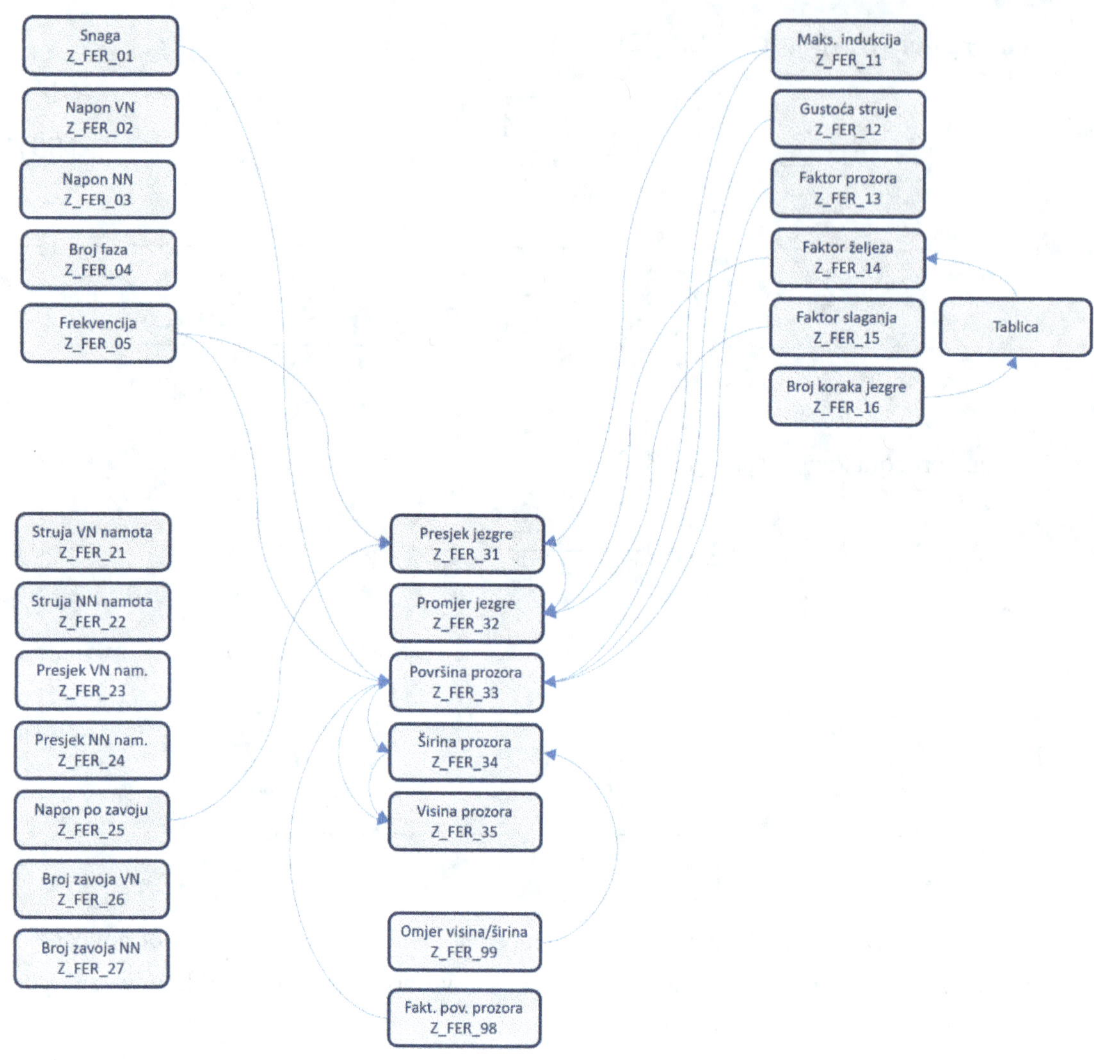

Slika 3.51: Utjecaj pojedinih karakteristika za potrebe izračuna osnovnih dimenzija jezgre

Visina prozora (zavisnost Z_FER_35)

$$W_h = \frac{A_w}{W_w} \tag{62}$$

Source Code	
	`$self.Z_FER_35 = $self.Z_FER_33 / $self.Z_FER_34`

3.3.5. Izračun elemenata dimenzija namota

Prikaz povezanosti i međusobnog utjecaja karakteristika za izračunavanje elemenata dimenzija namota je dan na slici 3.52, a izgled završenih namota je dan na slici 3.53.

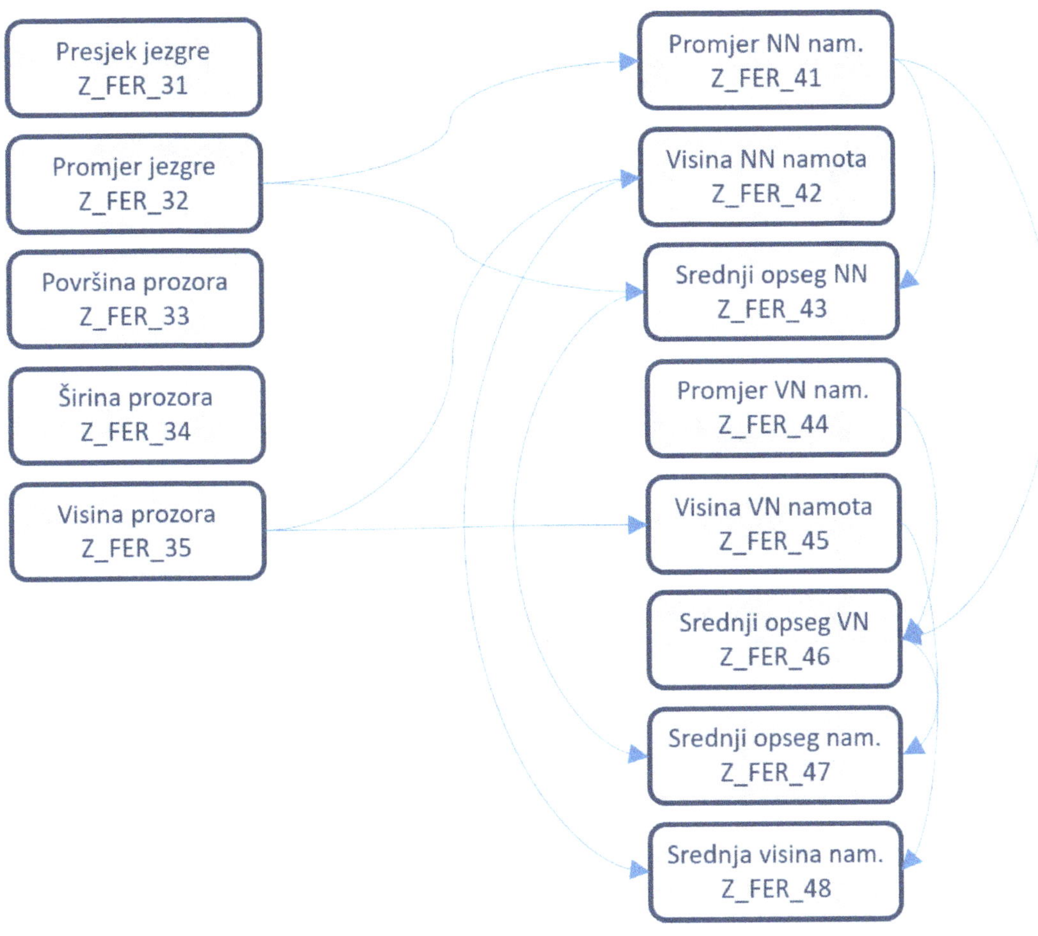

Slika 3.52: Utjecaj pojedinih karakteristika za potrebe izračuna elemenata dimenzija namota

Promjer namota NN (zavisnost Z_FER_41)

$$D_{NN} = 1{,}35\,D \tag{63}$$

Source Code	
	`$self.Z_FER_41 = $self.Z_FER_32 * 1.35`

Slika 3.53: Namot [21]

Visina namota NN (zavisnost Z_FER_42)

$$H_{NN} = 0,65 \, W_h \tag{64}$$

Source Code	
	`$self.Z_FER_42 = $self.Z_FER_35 * 0.65`

Srednji opseg namota NN (zavisnost Z_FER_43)

$$L_{NN} = \frac{D_{NN} + D}{2} \, \pi \tag{65}$$

Source Code	
	`$self.Z_FER_43 = ( $self.Z_FER_41 + $self.Z_FER_32 ) / 2 * 3.14`

Promjer namota VN (zavisnost Z_FER_44)

$$D_{VN} = 1,35^2 \, D \tag{66}$$

Source Code	
	`$self.Z_FER_44 = $self.Z_FER_32 * 1.35 * 1.35`

Visina namota VN (zavisnost Z_FER_45)

$$H_{VN} = 0{,}8\,W_h \tag{67}$$

Source Code	
	`$self.Z_FER_45 = $self.Z_FER_35 * 0.8`

Srednji opseg namota VN (zavisnost Z_FER_46)

$$L_{VN} = \frac{D_{NN} + D_{VN}}{2}\,\pi \tag{68}$$

Source Code	
	`$self.Z_FER_46 = ( $self.Z_FER_41 + $self.Z_FER_44 ) / 2 * 3.14159265`

Srednji opseg namota (zavisnost Z_FER_47)

$$L_{SR} = \frac{L_{NN} + L_{VN}}{2} \tag{69}$$

Source Code	
	`$self.Z_FER_47 = ( $self.Z_FER_43 + $self.Z_FER_46 ) / 2`

Srednja visina namota (zavisnost Z_FER_48)

$$H_{SR} = \frac{H_{NN} + H_{VN}}{2} \tag{70}$$

Source Code	
	`$self.Z_FER_48 = ( $self.Z_FER_42 + $self.Z_FER_45 ) / 2`

3.3.6.   Izračunavanje otpora, reaktancije, impedancije

Prikaz povezanosti i međusobnog utjecaja karakteristika za izračunavanje otpora, reaktancije i impedancije je dan na slici 3.54.

Relativna reaktancija (zavisnost Z_FER_51):

$$X\ [\%] = \frac{2\pi \cdot f \cdot 4\pi \cdot 10^{-7} \cdot L_{SR} \cdot I_{fNN} \cdot N_{NN} \cdot \dfrac{D_{VN} - D_{NN}}{3}}{H_{SR} \cdot E_z} \cdot 100 \qquad (71)$$

```
$self.Z_FER_51 = 8 * $self.Z_FER_05 * 3.14159265 * 3.14159265 *
0.0000001 * $self.Z_FER_47 * $self.Z_FER_22 *
$self.Z_FER_27 * ( $self.Z_FER_44 - $self.Z_FER_41 )
/ 3 / $self.Z_FER_48 / $self.Z_FER_25 * 100
```

Radni otpor namota NN (zavisnost Z_FER_52):

$$R_{NN} = \frac{0{,}021\ L_{NN}\ N_{NN}}{a_{NN}} \qquad (72)$$

```
$self.Z_FER_52 = 0.021*$self.Z_FER_43*$self.Z_FER_27/$self.Z_FER_24 /
1000000
```

Radni otpor namota VN (zavisnost Z_FER_53):

$$R_{VN} = \frac{0{,}021\ L_{VN}\ N_{VN}}{a_{VN}} \qquad (73)$$

```
$self.Z_FER_53 = 0.021*$self.Z_FER_46*$self.Z_FER_26/$self.Z_FER_23 /
1000000
```

Slika 3.54: Utjecaj pojedinih karakteristika za potrebe izračuna otpora, reaktancije, impedancije

Ekvivalentni radni otpor namota (zavisnost Z_FER_54):

$$R_{EKV} = R_{VN} + R_{NN} \left(\frac{U_{f\,VN}}{U_{f\,NN}}\right)^2 \tag{74}$$

```
Source Code

$self.Z_FER_54 = $self.Z_FER_53 + $self.Z_FER_52 * $self.Z_FER_02 *
$self.Z_FER_02 / $self.Z_FER_03 / $self.Z_FER_03
```

Relativni radni otpor namota (zavisnost Z_FER_55):

$$R\;[\%] = R_{VN} + R_{NN} \left(\frac{U_{f\,VN}}{U_{f\,NN}}\right)^2 \tag{75}$$

```
Source Code

$self.Z_FER_55 = $self.Z_FER_21 * $self.Z_FER_54 / $self.Z_FER_02 * 100
```

Relativna impedancija namota (zavisnost Z_FER_56)

$$Z\;[\%] = \sqrt{X^2 + R^2} \tag{76}$$

```
Source Code

$self.Z_FER_56 = SQRT ( $self.Z_FER_51 * $self.Z_FER_51 +
$self.Z_FER_55 * $self.Z_FER_55 )
```

3.3.7. Izračunavanje količine potrebnih osnovnih materijala

Volumen magnetskog lima (zavisnost Z_FER_61)

$$V_{Fe} = A_i\,[2\,(3\,D + 2\,W_w) + 3\,W_h] \tag{77}$$

```
Source Code

$self.Z_FER_61 = $self.Z_FER_31 * ( 6 * $self.Z_FER_32 + 4 *
$self.Z_FER_34 + 3 * $self.Z_FER_35 )
```

Prikaz povezanosti i međusobnog utjecaja karakteristika za izračunavanje količine potrebnih osnovnih materijala je dan na slici 3.55.

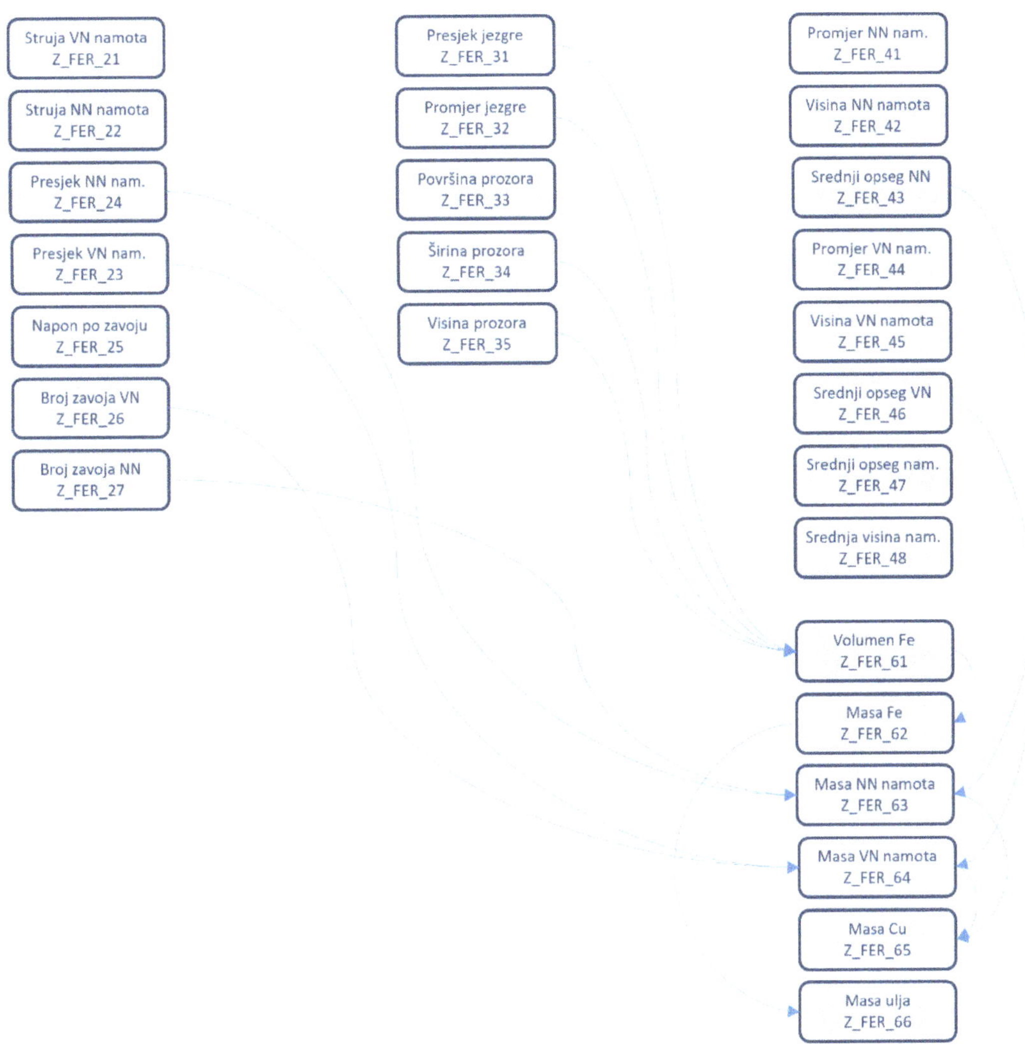

Slika 3.55: Utjecaj pojedinih karakteristika za potrebe izračuna količine osnovnih materijala

Masa magnetskog lima (zavisnost Z_FER_62)

$$m_{Fe} = 7.850\, V_{Fe} \tag{78}$$

Source Code	
	`$self.Z_FER_62 = $self.Z_FER_61 * 7850`

Masa namota NN (zavisnost Z_FER_63)

$$m_{NN} = \frac{8,89 \, a_{NN} \, N_{NN} \, L_{NN}}{1.000} \tag{79}$$

```
Source Code

$self.Z_FER_63 = 8.89 * $self.Z_FER_24 * $self.Z_FER_27 *
$self.Z_FER_43 * 1000
```

Masa namota VN (zavisnost Z_FER_64)

$$m_{NN} = \frac{8,89 \, a_{VN} \, N_{VN} \, L_{VN}}{1.000} \tag{80}$$

```
Source Code

$self.Z_FER_64 = 8.89 * $self.Z_FER_23 * $self.Z_FER_26 *
$self.Z_FER_46 * 1000
```

Masa bakra (zavisnost Z_FER_65)

$$m_{Cu} = 3 \, (m_{NN} + m_{VN}) \tag{81}$$

```
Source Code

$self.Z_FER_65 = 3 * ( $self.Z_FER_63 + $self.Z_FER_64 )
```

Masa ulja (zavisnost Z_FER_66)

$$m_U = 0,9 \, m_{Fe} \tag{82}$$

```
Source Code

$self.Z_FER_66 = 0.9 * $self.Z_FER_62
```

Dvije napomene za izračun mase ulja:

- kod računanja mase ulja u originalnoj se metodi radio kompletni dizajn kotla, pa se preko volumena kotla i aktivnog dijela došlo do mase ulja
- dizajn kotla se može i ovdje provesti, ali je procijenjeno da je za potrebe ovog istraživanja dovoljno pronaći neki prosječni količinski faktor.

3.3.8. Profil konfiguracije

Sve kreirane karakteristike i zavisnosti se uključuju u profil konfiguracije, te se sve skupa veže za konkretni materijal (transformator) za koji se želi raditi konfiguracija i izračun dimenzija.

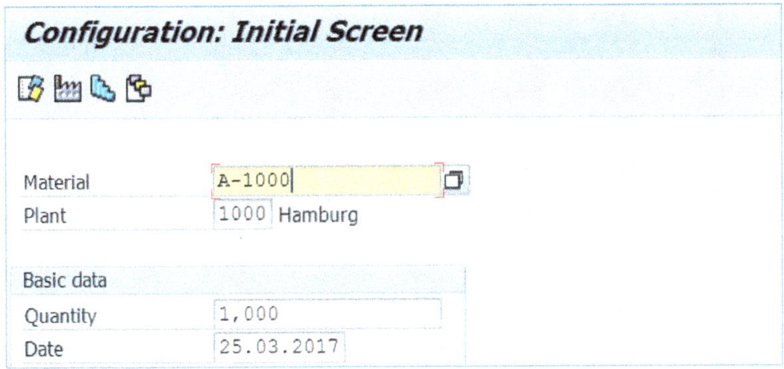

Slika 3.56: Pokretanje simulacije

S kreiranim profilom konfiguracije, sve je spremno za simulaciju, odnosno izračun traženih veličina i parametara, te se simulacija može pokrenuti (slika 3.56).

Polja „spremna za unos" su bijela (slika 3.57), dok su sva ostala siva, odnosno njihove vrijednosti se dobivaju izračunavanjem pomoću formula u zavisnostima.

3.3.9. Uključivanje zavisnosti u proizvodne sastavnice

Na osnovu izračunatih dimenzija, putem konfiguracije se radi i grubi izračun potrebne količine osnovnih (najskupljih) materijala:

- magnetski lim (zavisnost Z_FER_62)
- bakar (zavisnost Z_FER_65)
- ulje (zavisnost Z_FER_66)

Configuration: Characteristic Value Assignment

Material   A-1000   Transformer T01
Date   25.03.2017   Quantity   1,000

Characteristic Value Assignment

Char. description	Char. Value
Sn - Power (VA)	
Uhv - High Voltage	
Ulv - Low Voltage	
m - number of phases	
f - frequency Hz	
Ncs - Number of core steps	
High / width ratio	
Bmax - Magnetic flux density T	
J - Current density	
kw - Window space factor	
ks - Stacking factor	
Window increasing factor	
ki - Iron space factor	
Ihv - Current HV	
Ilv - Current LV	
ahv - Cross sectional area HV	
alv - Cross sectional area LV	
Ez - Voltage per turn	
Nhv - Turns in HV winding	
Nlv - Turns in LV winding	
Ac - Cross-section of the Core	
D - Core diameter	
Aw - Window area	
Ww - Window width	
Wh - Window height	
Dlv - Diameter LV	
Hlv - Height of LV winding	
Rwlv - Mean LV diameter	
Dhv - HV winding diameter	
Hhv - Height of HV winding	
Rwhv - Mean HV diameter	
Rwav - Average winding diamet.	
Hav - Average winding height	
X - Reactance %	
Rlv - Resistance LV	
Rhv - Resistance HV	
Requ - Equivalent Resistance	
R % - Resistance	
Z % - Impedance	
Vfe - Volume Fe	
Mfe - Mass Fe	
Mlv - Mass of LV winding	
Mhv - Mass of HV winding	
Mcu - Total mass of Cu	
Moil - Mass of Oil	

Slika 3.57: Pregled svih parametara simulacije

Literatura [36] navodi da bakar, magnetski lim i ulje čine najveći dio proizvodnih troškova. U primjeru koji je analiziran u [36] udio osnovnih materijala u prodajnoj cijeni iznosi čak 38 %.

Ukoliko se dobiveni izračun želi uključiti u sastavnice, potrebno je kreirati dodatne karakteristike i zavisnosti za one materijale za koje se količina u sastavnicama želi izračunavati putem postupka konfiguracije. Dodatne karakteristike u ovom primjeru su kreirane za izračun količine bakra, željeza i ulja:

- magnetski lim (zavisnost Z_FER_62BOM)
- bakar (zavisnost Z_FER_65BOM)
- ulje (zavisnost Z_FER_66BOM)

U osnovnim podacima tih dodatnih karakteristika se definira polje vezano za količinu komponente sastavnice: tablica STPO, polje MENGE (slika 3.58).

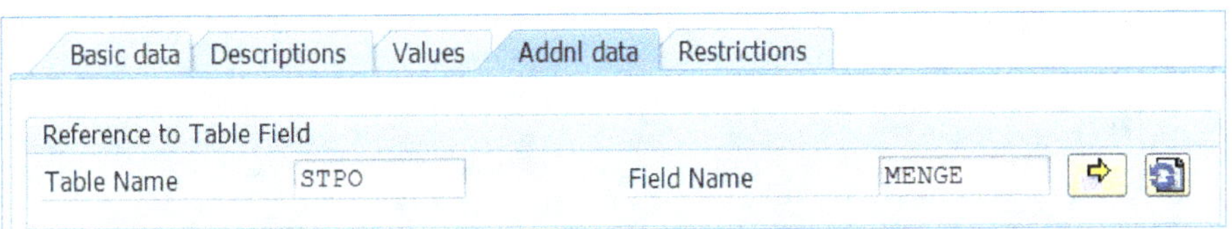

Slika 3.58: Specifična povezanost karakteristika i sastavnice

Za sve tri karakteristike se zatim kreiraju istoimene zavisnosti, gdje se definira da se vrijednosti za količine u sastavnici uzimaju iz vrijednosti dobivene konfiguracijom.

Dependency	Z_FER_62BOM	BOM - Fe Quantity
Dependency Type	Procedure	
Source Code	$self.Z_FER_62BOM = $root.Z_FER_62	

Slika 3.59: Zavisnost za količinu željeza u sastavnici transformatora

Dependency	Z_FER_65BOM	BOM - Cu Quantity
Dependency Type	Procedure	
Source Code	$self.Z_FER_65BOM = $root.Z_FER_65	

Slika 3.60: Zavisnost za količinu bakra u sastavnici transformatora

Dependency	Z_FER_66BOM	BOM - Oil Quantity
Dependency Type	Procedure	
Source Code		
	`$self.Z_KPT_66BOM = $root.Z_KPT_66`	

Slika 3.61: Zavisnost za količinu ulja u sastavnici transformatora

3.3.10. Uključivanje zavisnosti u planove operacija

Prethodno navedeni rezultati analize proizvodnih troškova primjera iz [36] govore da je očekivani udio proizvodnih aktivnosti u prodajnoj cijeni nešto preko 20 %. To znači da ovaj izračun nije neophodan u svrhu izračuna troškova, ali bi svakako bio interesantan zbog planiranja vremena i provjere kapaciteta.

Najteži dio je, naravno, kreirati odgovarajuće matematičke izraze koji bi mogli na sličan način kao u slučaju izračunavanja količine materijala izračunati potrebno vrijeme za proizvodne operacije koje uzimaju najviše vremena:

- Izrada namota
- Izrada izolacijskih dijelova
- Montaža

Za izračun potrebnog vremena putem konfiguracije, potrebno je kreirati nekoliko dodatnih karakteristika i zavisnosti. U osnovnim podacima takvih karakteristika se definira polje vezano za radno vrijeme: tablica PLPO, polje VGW02 za rad strojeva (slika 3.62), polje VGW03 za rad radnika (slika 3.63).

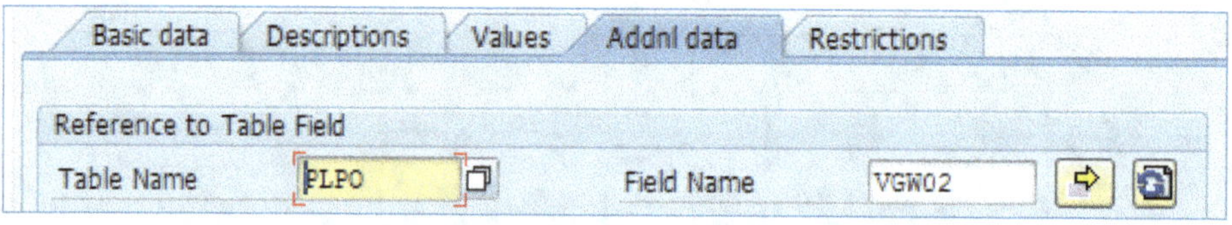

Slika 3.62: Specifična povezanost karakteristika i planova operacija –vrijeme strojeva

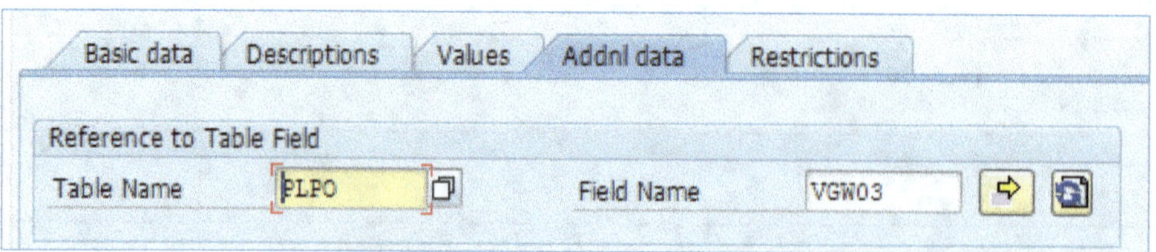

Slika 3.63: Specifična povezanost karakteristika i planova operacija – vrijeme radnika

Takve se karakteristike, zajedno s njihovim zavisnostima, dodaju prvo u Profil konfiguracije, te se nakon toga mogu uključivati u željene operacije relevantnog Plana operacija.

U sklopu ovog istraživanja se uspjelo definirati određene zakonitosti za izračun potrebnog proizvodnog vremena. Zakonitosti su ustanovljene na osnovu stvarnih podataka o proizvodnji izvjesnog broja energetskih transformatora i zabilježenih podataka o utrošenim vremenima proizvodnje za pojedine proizvodne aktivnosti. Riječ je o dvanaest trofaznih regulacijskih transformatora snage od 40 do 400 MVA, jednakog načina hlađenja, proizvedenih u zadnjih nekoliko godina.

Vrijednosti su dobivene pomoću zapisa u standardnim izvještajima postojećeg ERP sustava koji tvornica koristi, te su naknadno korigirane radi zaštite poslovnih podataka. Ta korekcija ni u kom slučaju ne umanjuje vrijednost istraživanja, jer je u ovom slučaju cilj bio ustanoviti zakonitost, te istu zakonitost prenijeti u SAP ERP model. Prikaz vrijednosti za spomenuti testni uzorak energetskih transformatora je dan u tablici 3.9.

U nastavku će se prikazati dobiveni rezultati i uočena ovisnost o snazi transformatora, na osnovu linearne interpolacije, za obrađene četiri aktivnosti prikazane u tablici 3.9:

- rezanje lima
- izrada izolacijskih elemenata
- montaža
- izrada namota.

Tablica 3.9: Potrebno vrijeme za neke aktivnosti u ovisnosti o snazi transformat.

Snaga (MVA)	Montaža (sati)	Izolacija (sati)	Rezanje lima (sati)	Izrada namota (sati)
40	2 465	1 695	127	2 176
50	3 264	2 226	137	2 218
63	2 759	2 194	77	2 836
83	3 581	2 032	170	3 060
90	2 794	1 781	195	1 724
125	3 990	2 753	228	2 549
155	4 978	3 358	189	3 325
160	8 301	5 665	268	4 138
240	6 936	4 991	364	3 985
300	9 610	7 303	731	5 418
350	8 451	4 958	653	4 889
400	11 875	8 018	829	7 970

Ostaje za vidjeti je li u svim slučajevima linearna interpolacija najbolja opcija. Istraživanja poslovnih događaja ukazuju da treba biti oprezan u linearizaciji.

Prema [34] nelinearne pojave su naročito izražene u vezama između cijena, obujma i profita, te ako se pogriješi u izboru funkcije koja će opisati analiziranu pojavu, javlja se velika vjerojatnost za donošenje pogrešnih poslovnih odluka.

Rezanje lima

Prikaz rezultata za aktivnost rezanja lima, za spomenutu grupu od dvanaest energetskih transformatora, snage od 40 do 400 MVA je dan na slici 3.64. Na slici je os „x" vezana za snagu izraženu u MVA, a os „y" za vrijeme utrošeno na rezanje lima, izraženo u satima.

U slučaju ovdje prikazanih podataka vezanih za operaciju rezanja lima, kvadratna ili eksponencijalna interpolacija bi bile bolje od linearne. Ipak, u svim se analiziranim proizvodnim operacijama, zbog nedovoljne količine raspoloživih povijesnih podataka koji bi omogućili pouzdaniji izbor vrste interpolacije, svjesno išlo s linearnom interpolacijom.

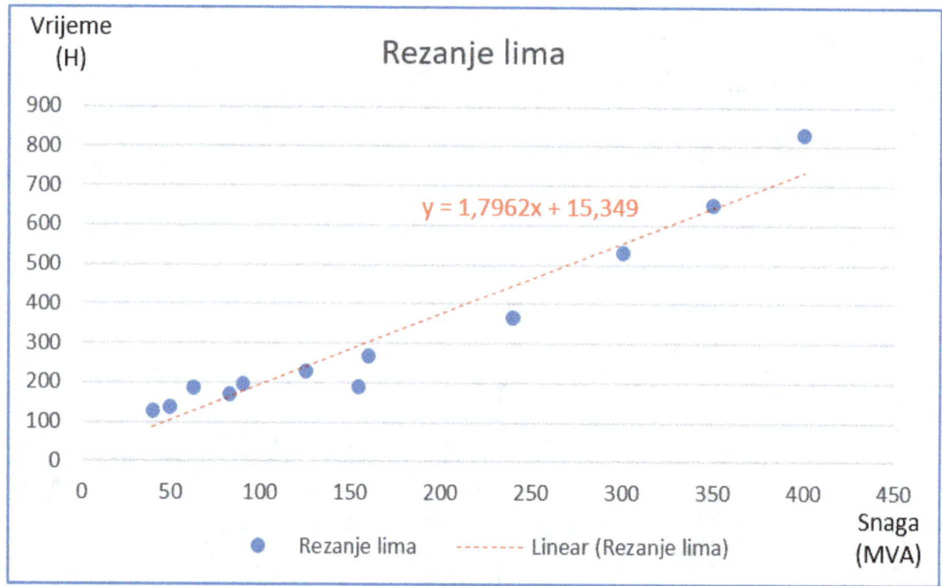

Slika 3.64: Vrijeme rezanja lima u ovisnosti o snazi transformatora

Pomoću linearne interpolacije dolazi se do izraza (83):

$$y = 1,7962\, x + 15,349 \tag{83}$$

Dobiveni izraz se zatim pretvara u potrebni SAP element za uključivanje u cjelokupni model na način da se izračunavanje vrijednosti nove karakteristike (Z_FER_202) veže uz već poznatu karakteristiku za snagu transformatora (Z_FER_01), kao na slici 3.65.

Dependency Dependency Type	Z_FER_202 Procedure	Steel Cutting Time
Source Code	$self.Z_FER_202 = (1.7962 * $self.Z_FER_01) / 1000000 + 15.349	

Slika 3.65: Vrijeme rezanja lima u ovisnosti o snazi transformatora

Karakteristika i zavisnost se uvrštavaju u Profil konfiguracije za objekt konfiguracije (transformator A-1000), što znači da će se kod simulacijskog izračunavanja dimenzija istovremeno dobiti i potrebno vrijeme za operaciju rezanja lima.

S obzirom na to da se dobiveni rezultat želi uključiti u plan operacija, potrebno je definirati još jednu karakteristiku (Z_FER_202R) i istoimenu zavisnost:

- dodatna karakteristika će u svojim detaljima imati povezanost sa SAP tablicom PLPO i poljem VGW02, kao što je prikazano na slici 3.62.
- dodatna zavisnost Z_FER_202R će definirati da se u plan operacija upisuje vrijednost prethodno izračunata za karakteristiku Z_FER_202 (slika 3.66)

Dependency Dependency Type	Z_FER_202R Procedure	Steel Cutting Machine Time
Source Code	$self.Z_FER_202R = $root.Z_FER_202	

Slika 3.66: Zavisnost za izračun strojnog vremena za rezanje limova u planu operacija

Na isti se način radi izračun vremena za ostale tri izabrane aktivnosti. Na osnovu podataka i linearne interpolacije kreiraju se po dodatne dvije karakteristike i po dvije zavisnosti za svaku aktivnost za koju se želi imati funkcionalnost izračuna potrebnog vremena.

Izrada izolacijskih elemenata

Vrijeme izrade izolacijskih elemenata je prikazano na slici 3.67. Primjećuju se velika odstupanja za vrijednost prikupljenih proizvodnih vremena za operaciju izrade izolacijskih dijelova nekih transformatora. Pretpostavlja se da je uzrok tome velika specifičnost samog postupka izrade izolacijskih dijelova, ali je moguć i utjecaj grešaka pri unosu stvarnih podataka u SAP.

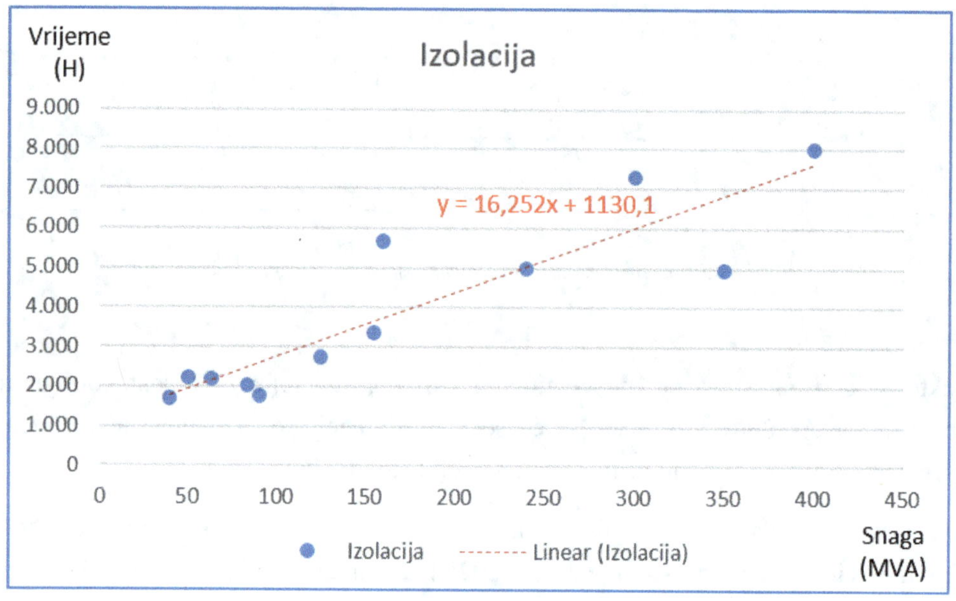

Slika 3.67: Vrijeme izrade izolacijskih dijelova u ovisnosti o snazi transformatora

Za potrebe izračuna vremena izrade izolacijskih dijelova (slika 3.67), definirane su karakteristike Z_FER_203 i Z_FER_203R, te istoimene zavisnosti (slika 3.68).

Dependency	Z_FER_203	Insulation time
Dependency Type	Procedure	
Source Code	$self.Z_FER_203 = (16.252 * Z_FER_01) / 1000000 + 1130.1	

Dependency	Z_FER_203R	Insulation time in Routing
Dependency Type	Procedure	
Source Code	$self.Z_FER_203R = $root.Z_FER_203	

Slika 3.68: Dvije zavisnosti za izračun vremena izrade izolacijskih dijelova

Izrada namota

Za potrebe izračuna vremena izrade namota (slika 3.69), definirane su karakteristike Z_FER_204 i Z_FER_204R, te istoimene zavisnosti (slika 3.70).

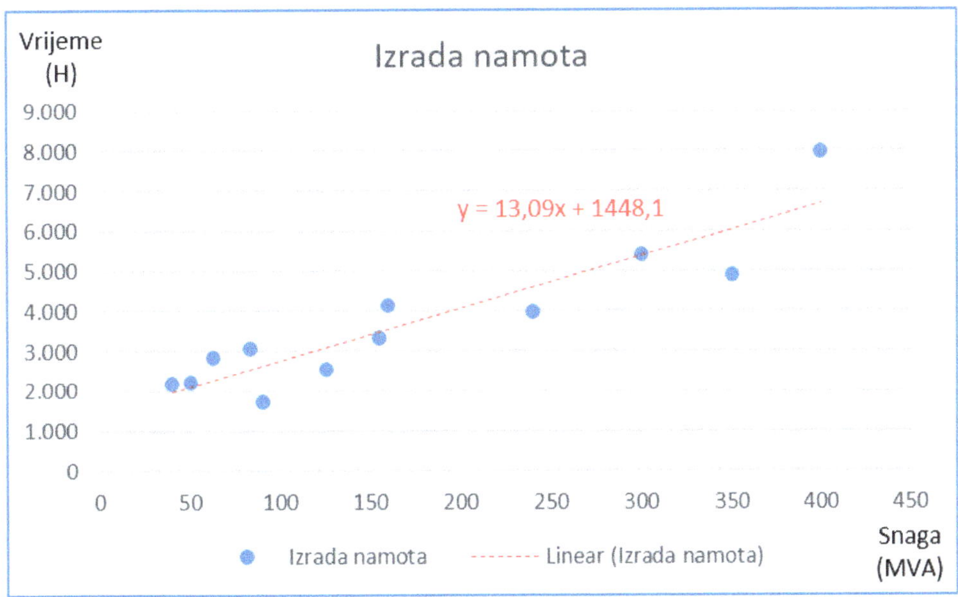

Slika 3.69: Vrijeme izrade namota u ovisnosti o snazi transformatora

Dependency	Z_FER_204	Winding time
Dependency Type	Procedure	
Source Code	$self.Z_FER_204 = (13.09 * Z_FER_01) / 1000000 + 1448.1	

Dependency	Z_KPT_204R	Winding time in Routing
Dependency Type	Procedure	
Source Code	$self.Z_KPT_204R = $root.Z_KPT_204	

Slika 3.70: Dvije zavisnosti za izračun vremena izrade namota

Montaža

Za potrebe izračuna vremena montaže (slika 3.71) su definirane karakteristike Z_FER_205 i Z_FER_205R, te istoimene zavisnosti (slika 3.72).

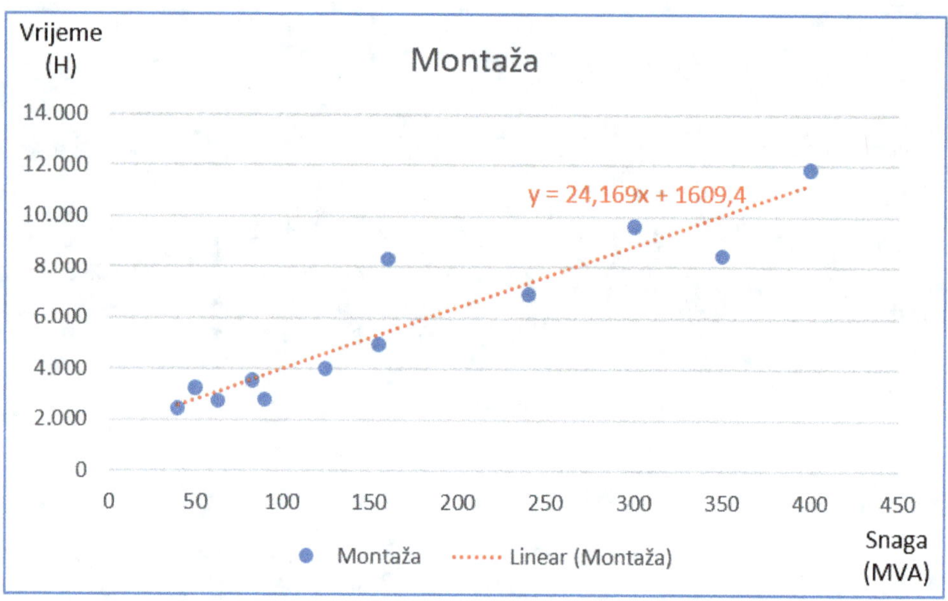

Slika 3.71: Vrijeme montaže u ovisnosti o snazi transformatora

Dependency	Z_FER_205	Assembly time
Dependency Type	Procedure	
Source Code	$self.Z_FER_205 = (24.169 * Z_FER_01) / 1000000 + 1609.4	

Dependency	Z_FER_205R	Assembly time in Routing
Dependency Type	Procedure	
Source Code	$self.Z_FER_205R = $root.Z_FER_205	

Slika 3.72: Dvije zavisnosti za izračun vremena montaže

3.3.11. Simulacija

Prvi korak kod simulacije je unos podataka iz specifikacije novog transformatora (bijela polja na slici 3.57). Odmah nakon unosa početnih podataka (slika 3.73), sustav daje rezultate prve iteracije (slika 3.74).

Configuration: Characteristic Value Assignment
Material   A-1000   Transformer T01
Date   03.06.2017   Quantity   1,000
Characteristic Value Assignment
Char. description   Char. Value
Sn - Power (VA)   5.000.000 VA
Uhv - High Voltage   66.000 V
Ulv - Low Voltage   11.000 V
m - number of phases   3
f - frequency Hz   50 Hz
Ncs - Number of core steps   9
High / width ratio   2,80
Bmax - Magnetic flux density T   1,60 T
J - Current density   3.000.000,000 A/m2
kw - Window space factor   0,28
ks - Stacking factor   0,92
Window increasing factor   1,60
SAP

Slika 3.73: Simulacija – unos početnih veličina

U tablici 3.10 je dan usporedni prikaz rezultata za energetski transformator 5 MVA detaljno obrađen kao primjer u [33]. Vidljivo je da je razlika SAP ERP modela za izračun osnovnih dimenzija u odnosu na originalni izračun manja od 10 %.

Tablica 3.10: Usporedba izračuna količine materijala (Transformator 5 MVA)

Parametar	SAP ERP izračun	Originalni izračun [33]	Razlika
Magnetski lim	4 963 kg	5 283 kg	-6,06 %
Bakar	1 493 kg	1 629 kg	-8,34 %

U oba slučaja je SAP ERP izračun dao nešto manje vrijednosti nego originalni izračun. Razloge treba tražiti u nekorištenju iterativnih metoda u kreiranom SAP ERP modelu. Dodatne iteracije je moguće ugraditi u model, ali bi iste tražile dodatne aktivnosti korisnika metode i tako automatski smanjile brzinu dobivanja rezultata.

U tablicama 3.11 i 3.12 je usporedba rezultata SAP ERP proračuna s rezultatima detaljnih tvorničkih proračuna, za pet trofaznih energetskih transformatora različitih snaga.

Tablica 3.11: Transformatori korišteni za usporedbu izračuna količine materijala

	Transf. 1	Transf. 2	Transf. 3	Transf. 4	Transf 5
Snaga	31,5 MVA	125 MVA	280 MVA	295 MVA	400 MVA
Primarni fazni napon	127 kV	127 kV	137,8 kV	158,8 kV	135,7 kV
Sekundarni fazni napon	10,5 kV	33 kV	18 kV	20 kV	15 kV
Broj faza	3	3	3	3	3
Frekvencija	50 Hz	50 Hz	60 Hz	50 Hz	50 Hz

Tablica 3.12. nije prikladna za korištenje jediničnih vrijednosti, jer je cilj ovih simulacija izračunavanje potrebnih količina bakra i magnetskog lima u kg, da bi se poslije mogla izračunati cijena potrebnog materijala. U svih pet analiziranih slučajeva je postignut željeni cilj – razlike u odnosu na detaljni proračun se kreću do granice od 10 %, te se može potvrditi prihvatljivost rezultata.

Transformator	Masa (kg)	SAP ERP izračun	Originalni izračun [37]	Razlika: SAP ERP izračun / Originalni izračun
1	Bakar	6 376	6 800	-6,26%
	Magn. lim	20 219	18 350	10,19%
2	Bakar	17 186	17 900	-3,99%
	Magn. lim	46 414	42 400	9,47%
3	Bakar	25 135	23 100	8,81%
	Magn. lim	76 188	69 200	10,10%
4	Bakar	26 408	25 900	1,96%
	Magn. lim	92 922	89 900	3,36%
5	Bakar	37 464	34 400	8,91%
	Magn. lim	121 629	131 600	-7,58%

Uz pretpostavljenu cijenu bakra 5 EUR/kg i magnetskog lima 2 EUR/kg, te uz pretpostavku prema [36] da bakar i lim čine 30% proizvodne cijene transformatora, pogreška u količinskom izračunu za bakar i magnetski lim od 10% uzrokuje pogrešku od maksimalno 13% u vrijednosnom izračunu za cijeli transformator.

Na slici 3.74 je dan prikaz rezultata SAP ERP simulacijske konfiguracije načinjene za dva energetska transformatora:

- 5 MVA, 66 kV, 11 kV, spoj trokut-trokut; specifikacija definirana u [33]
- 31.5 MVA, 220 kV, 10,5 kV, spoj zvijezda-trokut; specifikacija definirana u [37]

	Left (5 MVA)	Right (31,5 MVA)
Sn – Power (VA)	5.000.000 VA	31.500.000 VA
Uhv – High Voltage	66.000 V	127.000 V
Ulv – Low Voltage	11.000 V	10.500 V
m – number of phases	3	3
f – frequency Hz	50 Hz	50 Hz
Ncs – Number of core steps	9	10
High / width ratio	2,80	3,00
Bmax – Magnetic flux density T	1,60 T	1,60 T
J – Current density	3.000.000,000 A/m2	2.800.000,000 A/m2
kw – Window space factor	0,28	0,28
ks – Stacking factor	0,92	0,92
Window increasing factor	1,60	1,60
ki – Iron space factor	0,89	0,89
Ihv – Current HV	25,25 A	82,68 A
Ilv – Current LV	151,52 A	1.000,00 A
ahv – Cross sectional area HV	0,0000084 m2	0,0000295 m2
alv – Cross sectional area LV	0,0000505 m2	0,0003571 m2
Ez – Voltage per turn	32,27 V	81,01 V
Nhv – Turns in HV winding	2.045	1.568
Nlv – Turns in LV winding	341	130
Ac – Cross-section of the Core	0,0909 m2	0,2281 m2
D – Core diameter	0,3759 m	0,5955 m
Aw – Window area	0,3934 m2	1,0581 m2
Ww – Window width	0,375 m	0,594 m
Wh – Window height	1,050 m	1,782 m
Dlv – Diameter LV	0,507 m	0,804 m
Hlv – Height of LV winding	0,6822 m	1,1581 m
Rwlv – Mean LV diameter	1,3868 m	2,1972 m
Dhv – HV winding diameter	0,6851 m	1,0853 m
Hhv – Height of HV winding	0,8397 m	1,4253 m
Rwhv – Mean HV diameter	1,8732 m	2,9677 m
Rwav – Average winding diamet.	1,6300 m	2,5824 m
Hav – Average winding height	0,7610 m	1,2917 m
X – Reactance %	8,010 %	11,845 %
Rlv – Resistance LV	0,1965 Ohm	0,0167 Ohm
Rhv – Resistance HV	9,5565 Ohm	3,3089 Ohm
Requ – Equivalent Resistance	16,6318 Ohm	5,7586 Ohm
R % – Resistance	0,64 %	0,37 %
Z % – Impedance	8,04 %	11,85 %
Vfe – Volume Fe	0,62728 m3	2,57568 m3
Mfe – Mass Fe	4.924 kg	20.219 kg
Mlv – Mass of LV winding	212,2 kg	904,2 kg
Mhv – Mass of HV winding	286,6 kg	1.221,3 kg
Mcu – Total mass of Cu	1.496,6 kg	6.376,4 kg

Slika 3.74: SAP ERP simulacija – izračunate osnovne dimenzije,

prikaz za transformatore 5 MVA i 31,5 MVA

Simulacija je odrađena za svih pet transformatora iz tablice 3.12, a rezultati (slika 3.74) su prikazani za jedan od tih pet transformatora (31,5 MVA) za koji je bila dostupna kompletna projektna dokumentacija [37].

Za ostala četiri transformatora su raspoloživi bili samo nazivni podaci i rezultati izračuna količine bakra i magnetskog lima, te iz tog razloga za njih nije dan prikaz kompletnih SAP simulacijskih rezultata.

4. NOVI MODEL ZA MENADŽERSKO ODLUČIVANJE

Energetski transformatori se, općenito gledajući, proračunavaju s ciljem minimaliziranja proizvodnih troškova, uz potpuno ispunjavanje postavljenih kupčevih specifikacija.

U literaturi koja se bavi optimizacijom postupka proračuna [36], govori se o više ciljnih funkcija, od minimiziranja mase do maksimiziranja nazivne snage. Iako se ovo istraživanje ne bavi metodama proračuna transformatora, bitno je prikazati četiri ciljne funkcije koje su, prema [36], u domeni proizvođača transformatora:

1. Minimiziranje mase aktivnih dijelova

$$min\,APM = min \sum_{i=1}^{3} w_i \qquad (84)$$

w_1 ... Ukupna masa NN namota

w_2 ... Ukupna masa VN namota

w_3 ... Ukupna masa magnetskog materijala

2. Minimiziranje troškova aktivnih dijelova

$$min\,APC = min \sum_{i=1}^{3} uc_i \cdot w_i \qquad (85)$$

uc_1 ... Jedinični troškovi NN namota

uc_2 ... Jedinični troškovi VN namota

uc_3 ... Jedinični troškovi magnetskog materijala

w_1 ... Ukupna masa NN namota

w_2 ... Ukupna masa VN namota

w_3 ... Ukupna masa magnetskog materijala

3. Minimiziranje troška glavnih materijala

$$min\,CMM = min\sum_{i=1}^{8} uc_i \cdot w_i \qquad (86)$$

$uc_1\,w_1$ ...   Troškovi NN namota

$uc_2\,w_2$ ...   Troškovi VN namota

$uc_3\,w_3$ ...   Troškovi magnetskog materijala

$uc_4\,w_4$ ...   Troškovi izolacijskog papira

$uc_5\,w_5$ ...   Troškovi učvrsnih traka

$uc_6\,w_6$ ...   Troškovi ulja

$uc_7\,w_7$ ...   Troškovi željeznog lima

$uc_8\,w_8$ ...   Troškovi valovitih panela

4. Minimiziranje troškova proizvodnje

$$min\,CTM = min[\,CCM + CRM + C_W\,] \qquad (87)$$

CCM ...   Trošak glavnih materijala

CRM ...   Trošak ostalih materijala

C_W ...   Trošak rada

U skladu s navedenim ciljnim funkcijama optimizacije navedenima u [36], moguće je definirati standardne ERP korake za nastavak provjere izvedivosti:

- Izračun potrebne količine materijala
- Izračun troškova materijala
- Izračun potrebnih proizvodnih aktivnosti
- Izračun troškova proizvodnih aktivnosti
- Izračun proizvodne cijene
- Provjera raspoloživih kapaciteta

Prilikom definiranja važnosti pojedinih faktora i komponenti, vodilo se računa o ciljnim funkcijama optimizacije iz [36], a u obzir je uzet i primjer s analizom troška iz iste literature. Pretpostavka korištena u nastavku istraživanja je da je prosječni udio tri glavna materijala u ukupnim proizvodnim troškovima energetskih transformatora 30 ili više posto, kao što je prikazano na slici 4.1.

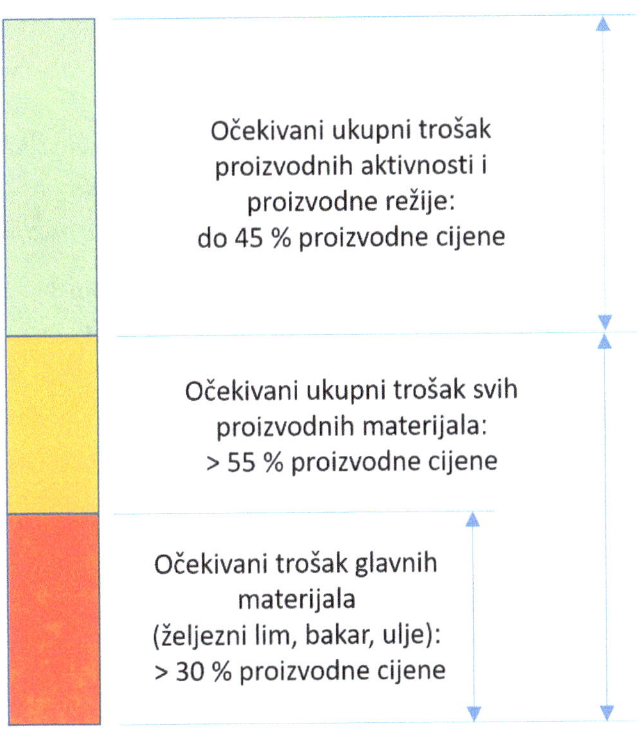

Slika 4.1: Očekivani udio komponenti troška u proizvodnoj cijeni transformatora

Važan zaključak na osnovu korištene pretpostavke je da korektnim izračunom potrebnih količina željeza, bakra i ulja možemo imati vrlo dobru sliku očekivane proizvodne cijene. Izračun proizvodnog vremena gotovo da prestaje biti važan za izračun cijene, ali svakako ostaje kao značajan faktor zbog korektnosti terminiranja proizvodnje i općenitog ispitivanja same izvedivosti projekta u traženom vremenskom okviru.

Omjeri očekivanih troškova iz literature [36] se u potpunosti slažu s omjerima realiziranih troškova u realnom sustavu. Model predstavljen u ovoj knjizi je teško usporediv s prethodnim modelima, jer se bazira na pretpostavci korištenja jedinstvenog poslovno informatičkog informatičkog sustava za cijeli postupak izračuna dimenzija, proizvodne cijene i proizvodne simulacije.

4.1. Proces simulacije

Nakon svih koraka pojedinačno prikazanih i isprobanih u prethodnim poglavljima, predstoji prikaz integralne simulacije. Početni korak i pokretač cijelog procesa je standardni objekt u SAP ERP sustavu, tzv. prodajni nalog.

Komentar:

- *Cijeli proces simulacije je načinjen na edukacijskom SAP ERP sustavu. Proces može biti implementiran u tvornički sustav putem redovnog projektnog postupka, a osnovni detalji vezani za način implementacije su dani u poglavlju 5.3.*

U prodajnom nalogu kao SAP ERP objektu se inače definiraju svi potrebni prodajni detalji, a u svrhe ovog istraživanja će se taj objekt koristiti samo kao mjesto za konfiguraciju transformatora (upis podataka iz specifikacije) te će se na osnovu toga pokrenuti cijeli postupak integralne simulacije. Od „prodajnih" podataka u prodajnom nalogu trebat će, osim podataka iz specifikacije, ispuniti samo materijal (generički model transformatora) i željeni datum isporuke, kao na slici 4.2.

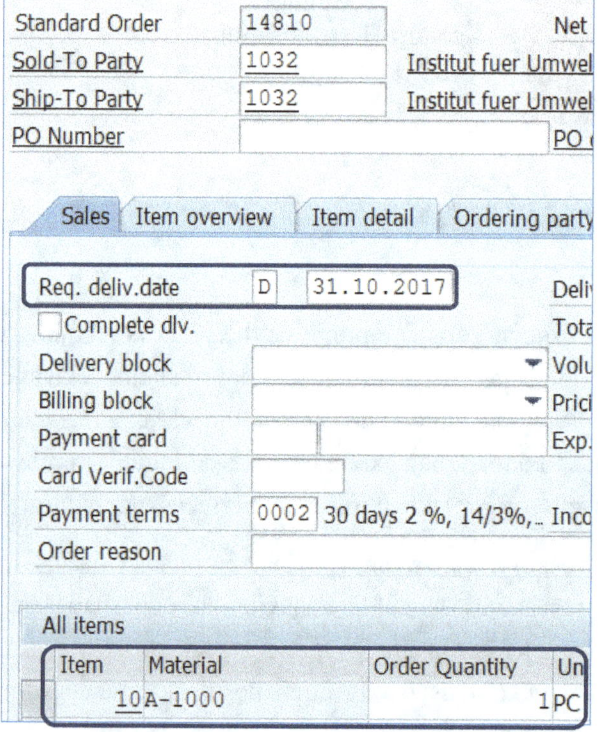

Slika 4.2a: Prvi korak simulacije: Prodajni nalog

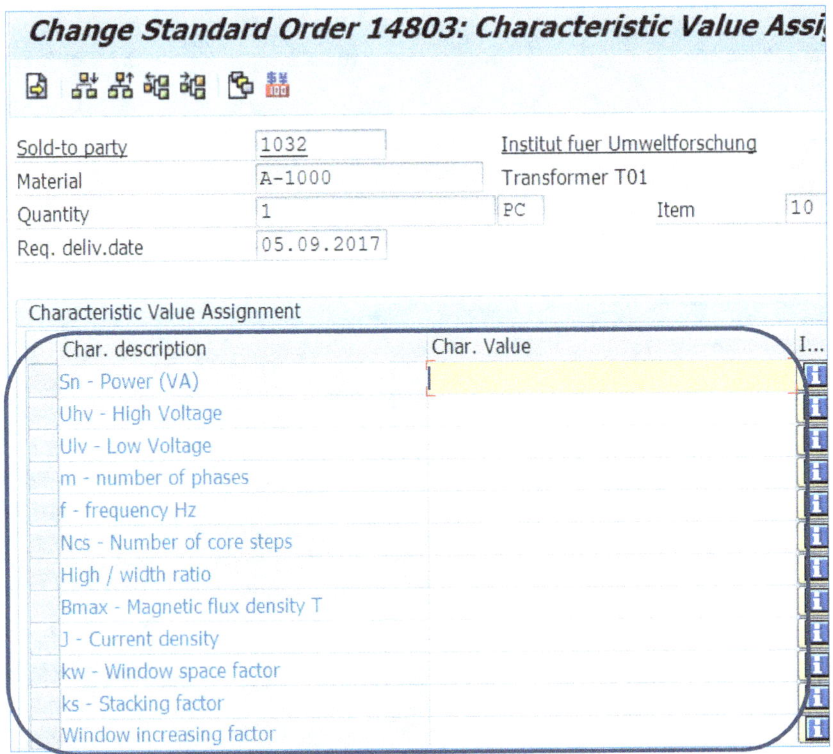

Slika 4.2b: Prvi korak simulacije: Prodajni nalog

Kreiranjem prodajnog naloga definirane su sve bitne stavke konfiguracije. Dalje je potrebno „samo" slijediti postupak, od izvođenja procjene troškova, preko MRP-a i provjere raspoloživosti materijala, sve do CRP-a i provjere raspoloživosti kapaciteta.

Za provjeru ispravnosti konfiguracije, prije kreiranja samog prodajnog naloga i početka cijelog procesa, može se načiniti kreiranje simulacijskog proizvodnog naloga. S njim se u sustavu ništa ne može raditi, niti on može bilo čemu naštetiti – njegova svrha je samo provjera djelovanja konfiguracije na popis materijala i popis operacija.

Na slici 4.3 je dan cjelokupni pregled ideje postupka izračuna dimenzija i naknadnih provjera.

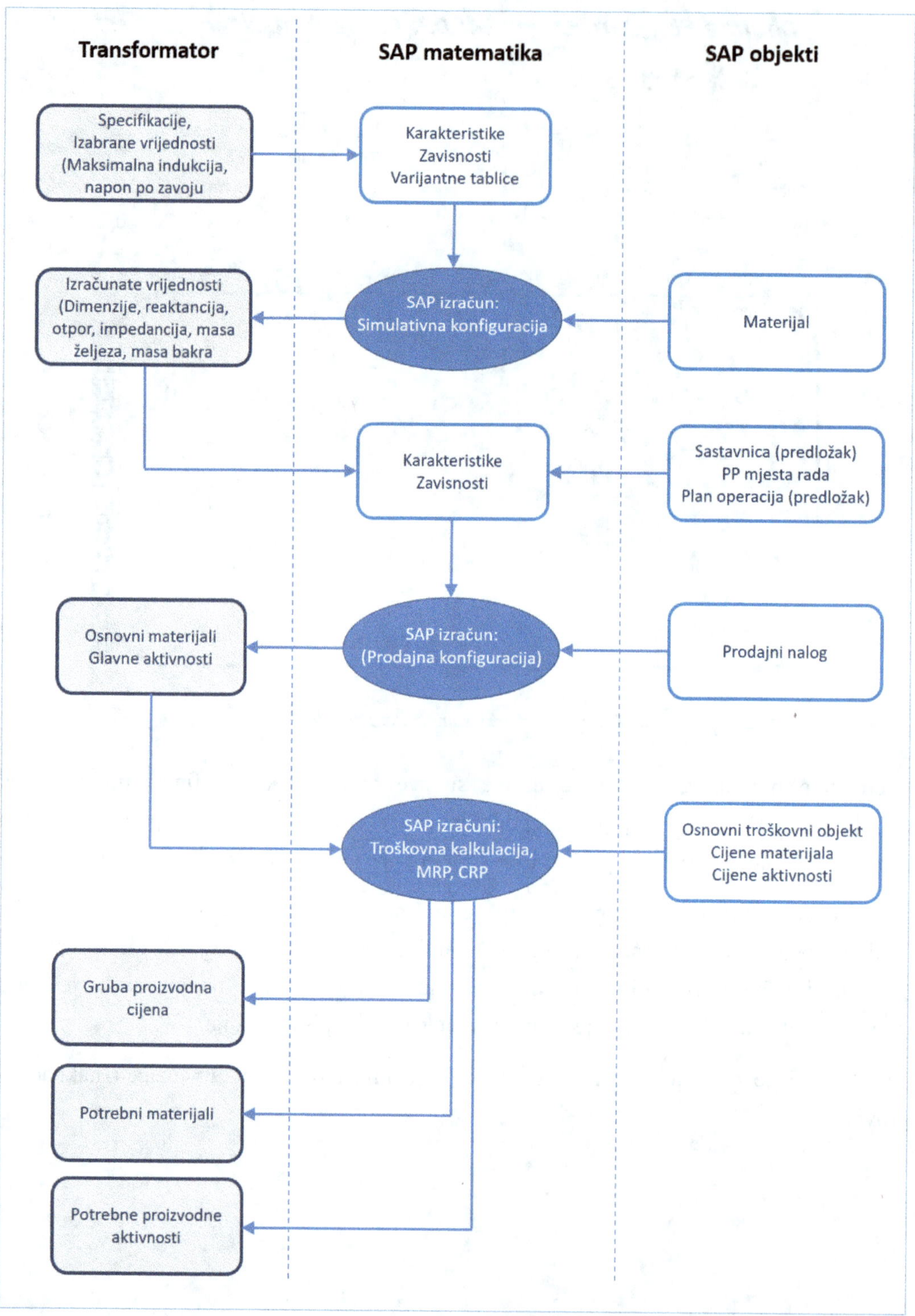

Slika 4.3: Ideja postupka izračuna dimenzija i naknadnih analiza

4.2. Jednorazinska struktura transformatora

Kako je već prije napomenuto, za potrebe ovakvog modela je dovoljno imati jednorazinsku strukturu, bez sklopova. Troškovi su ionako definirani s tri glavna materijala (očekivani troškovi magnetskog lima, bakra i ulja čine više od 30 % ukupne proizvodne cijene), a za grubi izračun vremena je dovoljno imati sve operacije „na jednom mjestu“ – bitno je da ih se ispravno poveže i definira njihova međusobna ovisnost.

Jednorazinska sastavnica za transformator, za potrebe grubih izračuna, za konfiguracijski primjer transformatora (materijal A-1000) izgleda kao na slici 4.4.

Material   A-1000   Transformer T01
Plant   1000 Hamburg

Material   Document   Class   General

Item	ICt	Component	Component description	Quantity	Un	OD	Asm
0010	L	KZ-10011	Magnetski lim za transformatore	1	KG	✓	
0020	L	KZ-10021	Bakar za transformatore	1	KG	✓	
0030	L	KZ-10001	Ulje za transformatore	1	KG	✓	
0040	L	K-1030	Transformatorski kotao	1	PC		
0050	L	KZ-10104	Ventilatori	4	PC		
0060	L	KZ-10103	Hladnjak	16	PC		
0070	L	KZ-10105	Termometar	4	PC		
0080	L	KZ-10106	Kabeli	800	M		
0090	L	KZ-10102	Kontrolna sklopka	1	PC		
0100	L	KZ-10101	Strujni transformator	5	PC		
0130	L	KZ-10031	Osnovni materijal za izolac. dijelove	1.000	KG		

Slika 4.4: Jednorazinska sastavnica transformatora za potrebe postupka

Sastavnicu čine samo glavne komponente, a za njih tri (bakar, željezo i ulje) se kreira veza prema zavisnostima (vidljivo po kvačici u koloni „OD“). Količine koje su definirane u koloni „Quantity“ će za te tri komponente biti izračunate na osnovu konfiguracije (zato su sad namjerno postavljene na vrijednost „1 KG“, dok na količine ostalih komponenti konfiguracija neće utjecati.

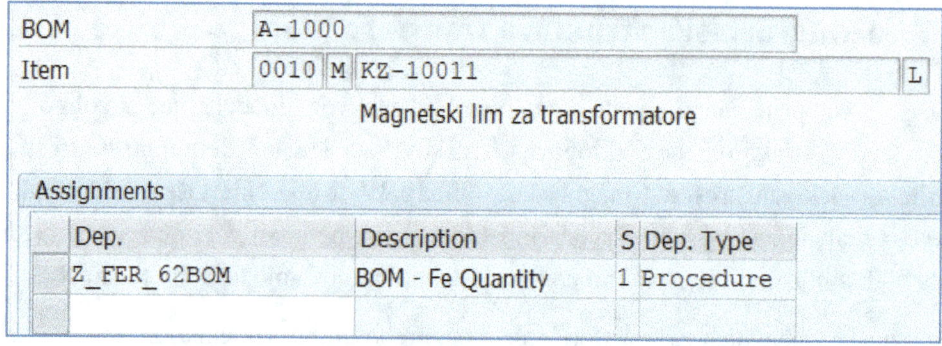

Slika 4.5: Uključivanje konfiguracije u sastavnicu transformatora (za izračun količine magn. lima)

Djelovanje zavisnosti se može provjeriti preko simulacijskog proizvodnog naloga. Pogled na simulaciju sastavnice (dobiveno preko simulacijskog PP naloga), za slučaj konfiguracije transformatora kao na slici 3.73 (transformator 5 MVA, [33],) je dan na slici 4.6, a za transformator 31,5 MVA [37], na slici 4.7.

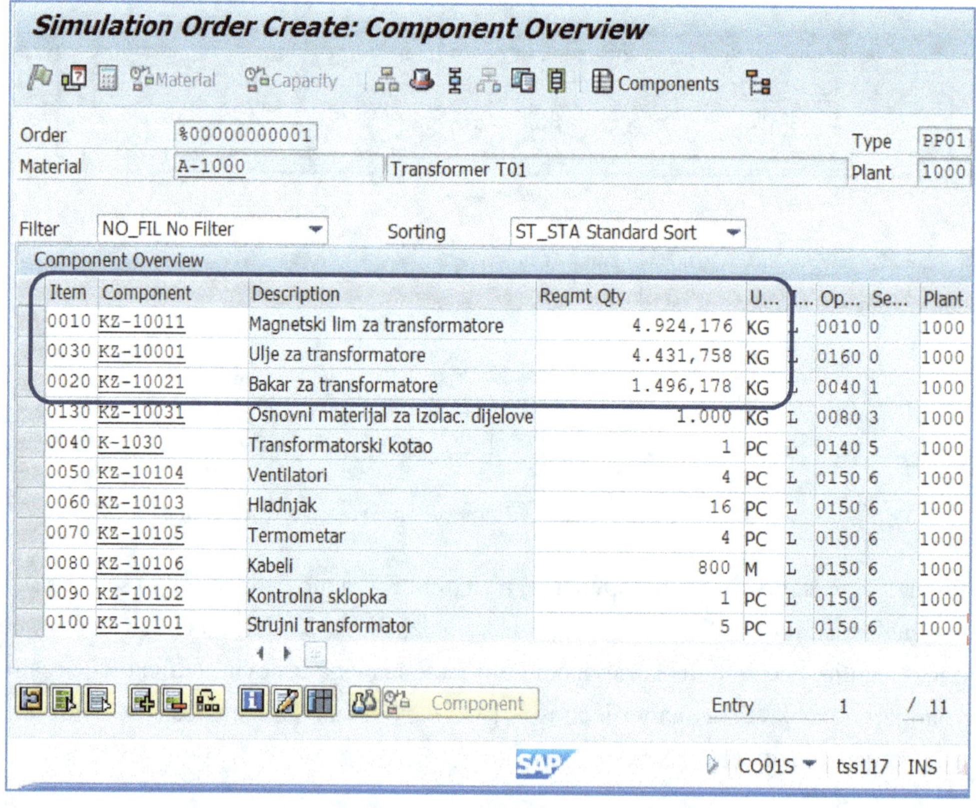

Slika 4.6: Sastavnica simulacijskog PP naloga kao proba konfiguracije (5 MVA)

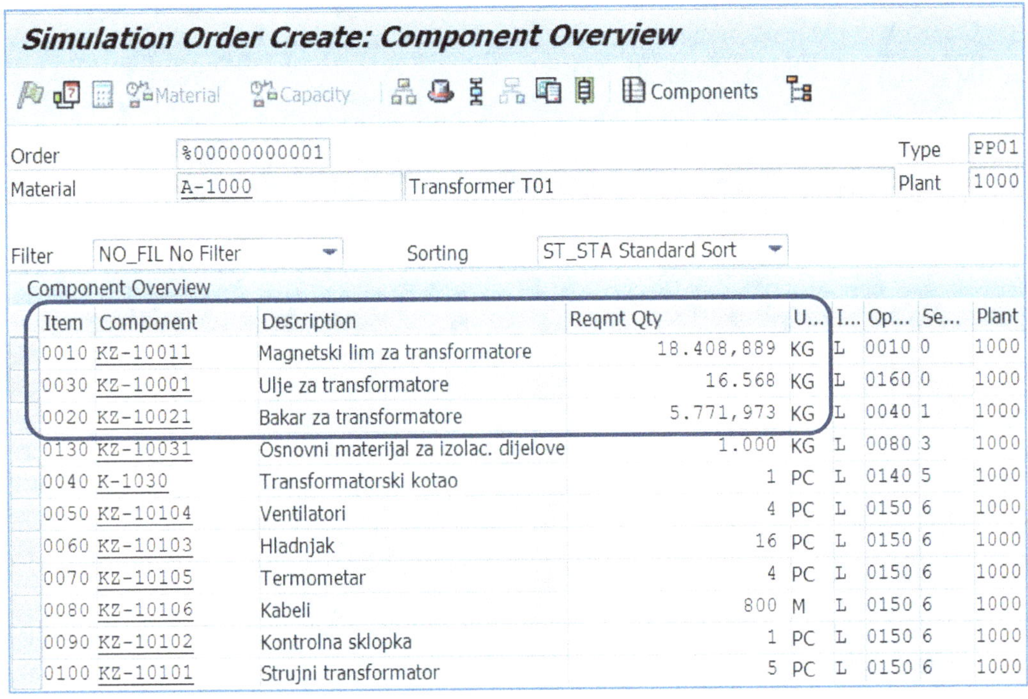

Slika 4.7: Simulacijski PP nalog kao proba konfiguracije (31,5 MVA)

4.3.   Plan operacija za jednorazinsku sastavnicu

Jednorazinski princip prikaza transformatora se savršeno uklapa u ideju brze provjere raspoloživosti materijala i proizvodnih kapaciteta, pod uvjetom da se u plan operacija uključe sve relevantne proizvodne operacije i da se iste povežu na pravilan način (proizvodni proces diktira koje se operacije rade u paraleli, a koje serijski).

U SAP ERP softveru se za prikaz složenog proizvodnog procesa, u sklopu plana operacija, koriste tzv. sekvence. Definira se jedna glavna sekvenca, a sve ostale se vežu paralelno, s definiranjem trenutka odvajanja od centralnog procesa (prije koje operacije centralne sekvence se konkretna paralelna sekvenca odvaja i počinje svoj ciklus) i povrata u centralni proces (nakon koje operacije centralne sekvence se konkretna paralelna sekvenca vraća u centralni proces).

Proces s glavnim operacijama bi se u SAP ERP-u trebao kreirati na način prikazan na slici 4.9. Centralni proces je označen svjetlo plavom bojom i to bi trebala biti središnja (centralna) sekvenca.

Prikaz sekvenci plana operacija za konfiguracijski transformator, s kreiranom centralnom i pet paralelnih sekvenci je dan na slici 4.8.

Material A-1000	Transformer T01		Grp.Count4				
sequence overv.							
Seq.	Sequence cat.	SeqCat	Alignm...	Reference sequence	Branch operation	Return operation	Sequence description
0	0	Std.seq.	2				Core, Final Assembly, Testing
1	1	Parallel..	1	0	0010	0030	LV Winding
2	1	Parallel..	1	0	0010	0030	HV winding
3	1	Parallel..	1	0	0010	0100	Insulation components
5	1	Parallel..	2	0	0130	0160	Tank preparation
6	1	Parallel..	2	0	0130	0160	Instalation Assembly

Slika 4.8: Prikaz plana operacija za transformator, s korištenjem paralelnih sekvenci

Na slikama 4.10 do 4.15 su prikazani detalji svih šest sekvenci. Prikazane su operacije s proizvodnim vremenima:

- Operacije za koje će se vremena izračunavati (u skladu s prethodnim postavkama) imaju kvačicu u koloni „OD", i za njih je normativno vrijeme namjerno, radi boljeg uočavanja djelovanja sustava, postavljeno na 1 sat (1 H)
- Za ostale operacije je definirano neko približno vrijeme i konfiguracija neće utjecati na ta vremena.

Četiri operacije iz centralne sekvence (slika 4.10) imaju dodijeljene zavisnosti (kvačice u koloni „Object deps") i za njih će se vrijeme računati na osnovu principa objašnjenog u 3.3.10:

- rezanje lima
- montaža jezgre
- montaža izolacije
- montaža aktivnog dijela

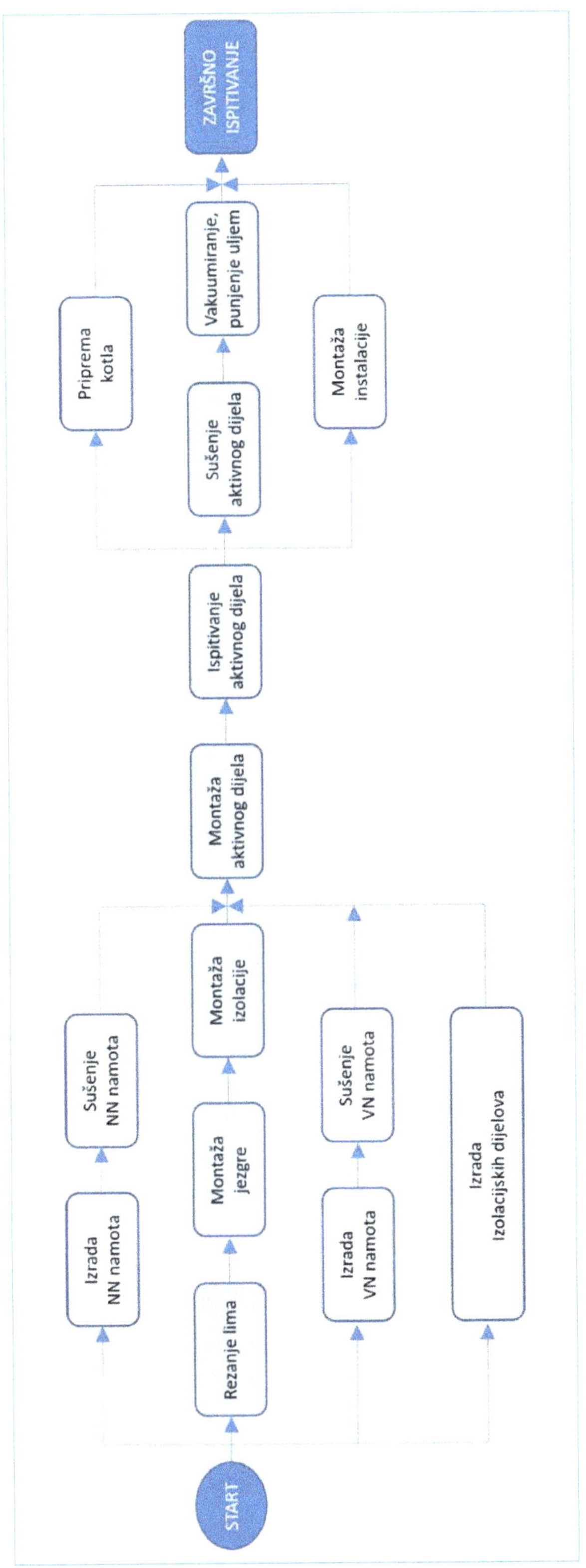

Slika 4.9: Važnije proizvodne operacije u proizvodnji transformatora

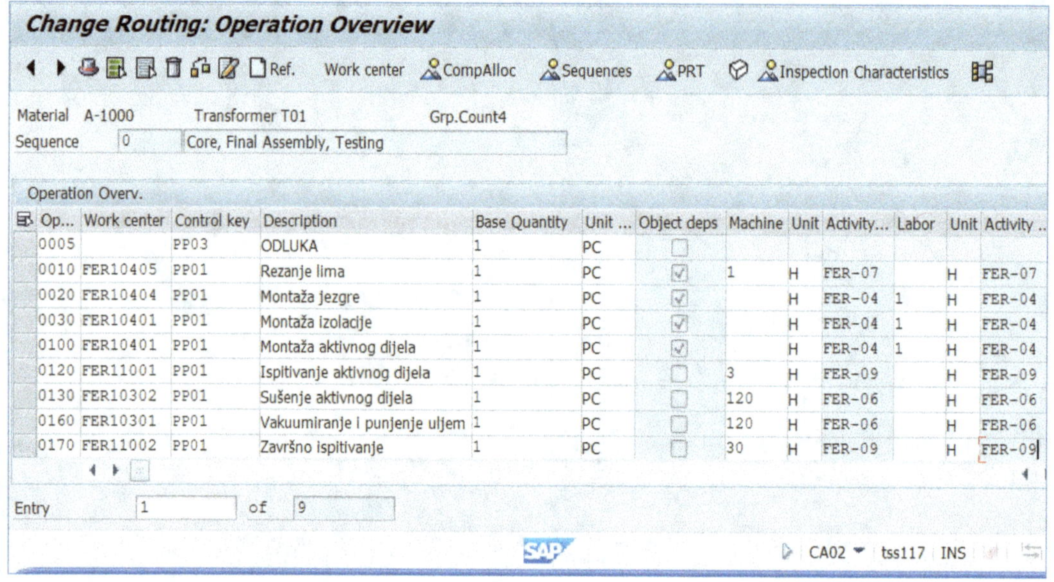

Slika 4.10: Prikaz centralne sekvence plana operacija

Detalji ostalih sekvenci su prikazani na slikama 4.11 do 4.15. U tim sekvencama je na još četiri operacije načinjena dodjela zavisnosti:

- priprema i tlačenje NN namota
- priprema i tlačenje VN namota
- izrada izolacijskih dijelova
- izrada tlačnih ploča

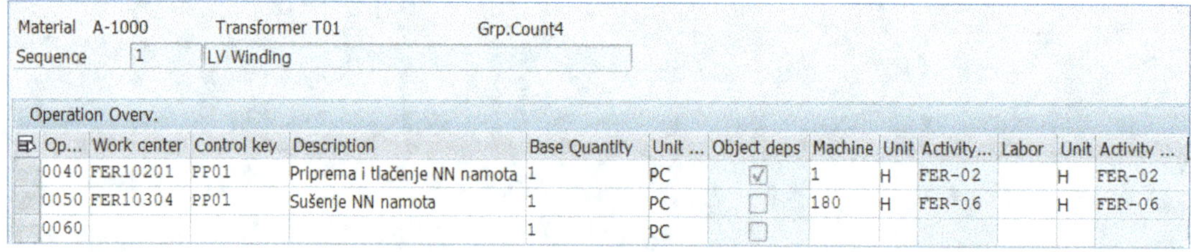

Slika 4.11: Paralelna sekvenca za izradu NN namota

Material A-1000   Transformer T01   Grp.Count4
Sequence 2   HV winding

Operation Overv.

Op...	Work center	Control key	Description	Base Quantity	Unit ...	Object deps	Machine	Unit	Activity...	Labor	Unit	Activity ...
0060	FER10201	PP01	Priprema i tlačenje VN namota	1	PC	☑	1	H	FER-02		H	FER-02
0070	FER10304	PP01	Sušenje VN namota	1	PC	☐	100	H	FER-06		H	FER-06
0080				1	PC	☐						

Slika 4.12: Paralelna sekvenca za izradu VN namota

Material A-1000   Transformer T01   Grp.Count4
Sequence 3   Insulation components

Operation Overv.

Op...	Work center	Control key	Description	Base Quantity	Unit ...	Object deps	Machine	Unit	Activity...	Labor	Unit	Activity ...
0080	FER10305	PP01	Izrada izolacijskih dijelova	1	PC	☑		H	FER-05	1	H	FER-05
0090	FER10305	PP01	Izrada tlačnih ploča	1	PC	☑		H	FER-05	1	H	FER-05
0100				1	PC	☐						

Slika 4.13: Paralelna sekvenca za izradu izolacijskih elemenata

Material A-1000   Transformer T01   Grp.Count4
Sequence 5   Tank preparation

Operation Overv.

Op...	Work center	Control key	Description	Base Quantity	Unit ...	Object deps	Machine	Unit	Activity...	Labor	Unit	Activity ...
0140	FER10401	PP01	Priprema kotla	1	PC	☐		H	FER-04	130	H	FER-04
0150				1	PC	☐						

Slika 4.14: Paralelna sekvenca za pripremu kotla

Material A-1000   Transformer T01   Grp.Count4
Sequence 6   Instalation Assembly

Operation Overv.

Op...	Work center	Control key	Description	Base Quantity	Unit ...	Object deps	Machine	Unit	Activity...	Labor	Unit	Activity ...
0150	FER10402	PP01	Montaža instalacije	1	PC	☐		H	FER-08	160	H	FER-08
0160				1	PC	☐						

Slika 4.15: Paralelna sekvenca za montažu instalacije

Prikaz djelovanja konfiguracije i postavljenih zavisnosti na vremena u planu operacija se može provjeriti na simulacijskom proizvodnom nalogu.

Rezultati simulacije za energetski transformator snage 130 MVA su prikazani na slici 4.16. Izračunata vremena će biti korištena za definiranje vremena pojedinih operacija u simulacijskom proizvodnom nalogu.

| Material | A-1000 | | Transformer T01 | |
| Date | 03.06.2017 | | Quantity | 1,000 |

Characteristic Value Assignment

Char. description	Char. Value
Sn - Power (VA)	130.000.000 VA
Uhv - High Voltage	127.000 V
Ulv - Low Voltage	35.000 V
m - number of phases	3
f - frequency Hz	50 Hz
Ncs - Number of core steps	10
High / width ratio	3,00
Bmax - Magnetic flux density T	1,70 T

...

Steel Cutting Time	249 h
Insulation	3.243 h
Winding	3.150 h
Assembly	4.751 h

Slika 4.16: Izračun vremena kao rezultat konfiguracije

Pregled međusobne povezanosti operacija u simulacijskom proizvodnom nalogu je dan na slici 4.17.

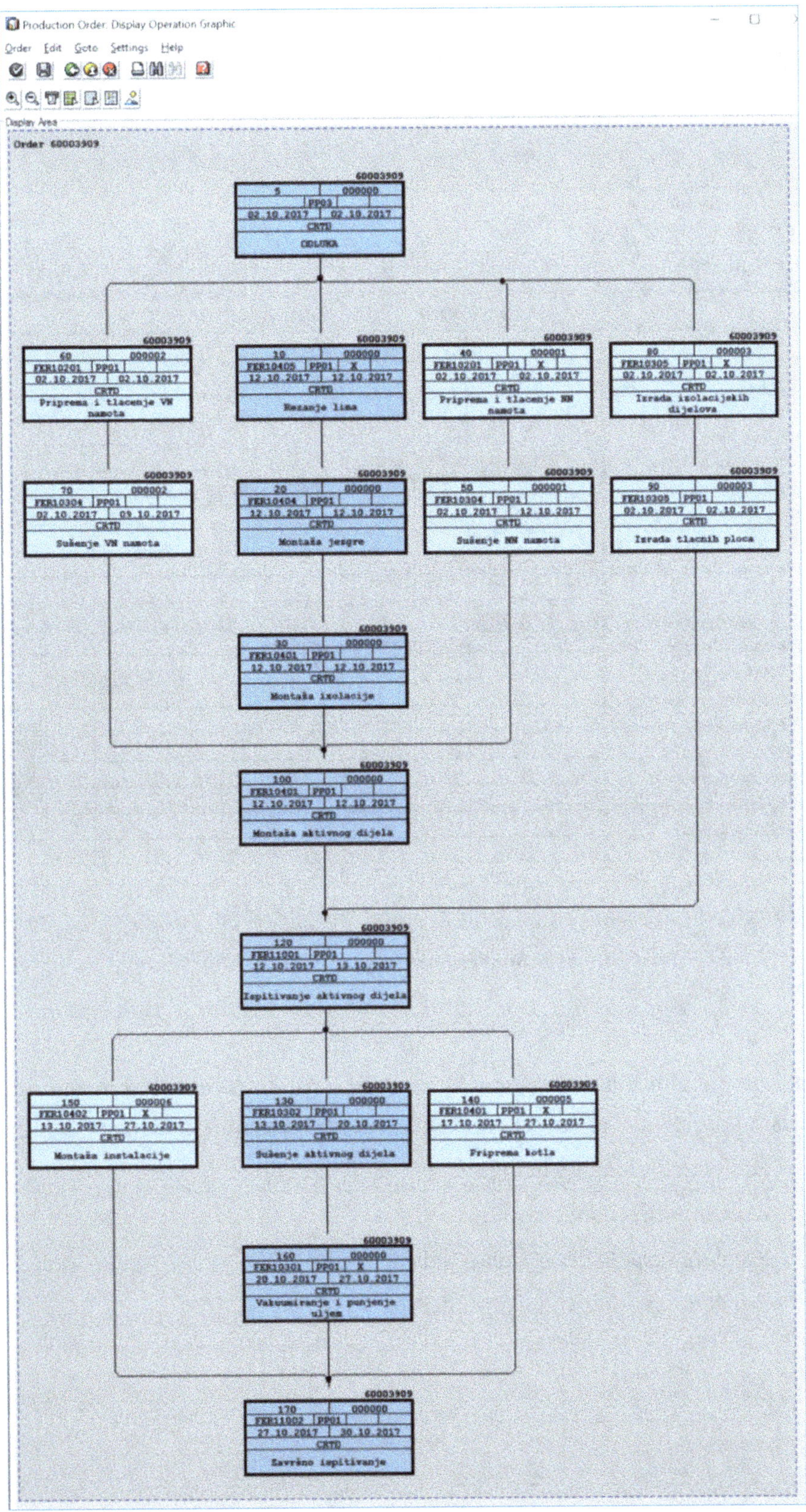

Slika 4.17: Pregled povezanosti operacija u simulacijskom proizvodnom nalogu

Ganttov dijagram se također može dobiti direktno iz simulacijskog proizvodnog naloga. Prikaz je dan na slici 4.18.

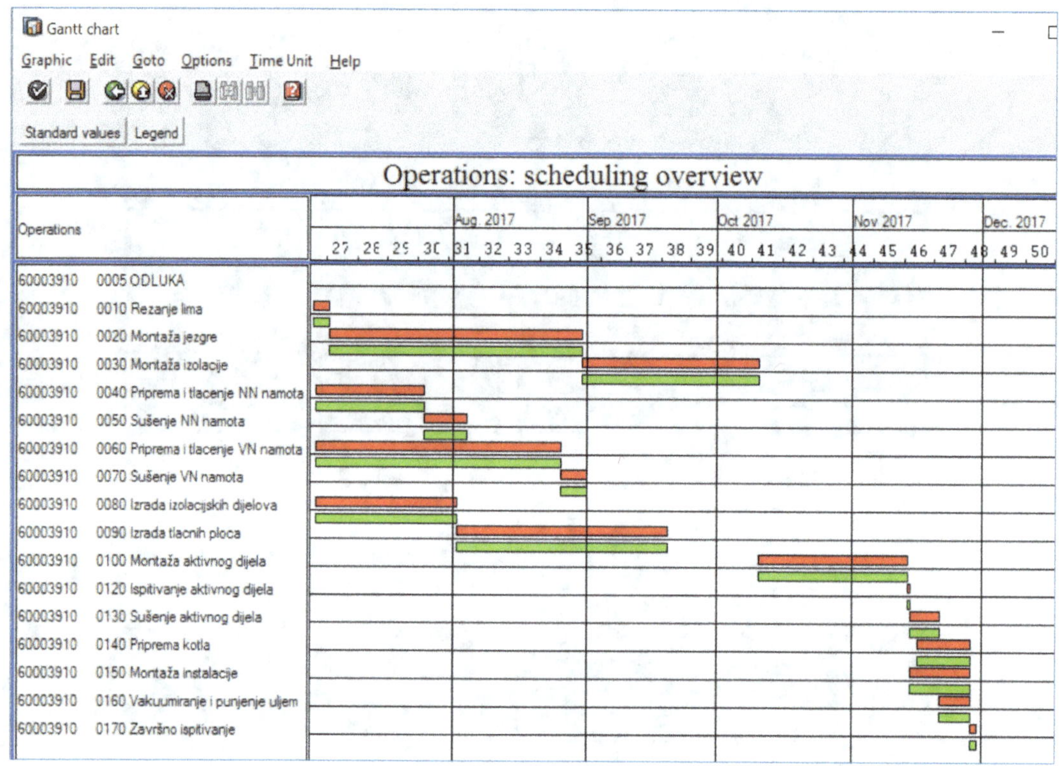

Slika 4.18: Ganttov dijagram na osnovu plana operacija i konfiguracije transformatora 130 MVA, uz definiran datum potrebe 31.10.2017.

Nakon provjere djelovanja konfiguracije na količine u sastavnici i vremena operacija u simulacijskom proizvodnom nalogu, može se pristupiti daljnjim koracima

- Kreiranje prodajnog naloga
- Izračun proizvodnih troškova
- Provjera raspoloživosti materijala
- Provjera raspoloživosti kapaciteta

4.4. Konfiguracija transformatora

Kreiranje prodajnog naloga u svrhu korištenja modela je krajnje jednostavan korak. Prodajni nalog će u daljnjim koracima biti osnovni referentni dokument za sve provjere koje se rade u sklopu modela.

```
Sn - Power (VA)                     130.000.000 VA
Uhv - High Voltage                  127.000 V
Ulv - Low Voltage                   35.000 V
m - number of phases                3
f - frequency Hz                    50 Hz
Ncs - Number of core steps          10
High / width ratio                  3,00
Bmax - Magnetic flux density T      1,70 T
J - Current density                 3.000.000,000 A/m2
kw - Window space factor            0,28
ks - Stacking factor                0,92
Window increasing factor            1,60
ki - Iron space factor              0,89
Ihv - Current HV                    341,21 A
Ilv - Current LV                    1.238,10 A
ahv - Cross sectional area HV       0,0001137 m2
alv - Cross sectional area LV       0,0004127 m2
Ez - Voltage per turn               164,57 V
Nhv - Turns in HV winding           772
Nlv - Turns in LV winding           213
Ac - Cross-section of the Core      0,4361 m2
D - Core diameter                   0,8235 m
Aw - Window area                    2,0062 m2
Ww - Window width                   0,818 m
Wh - Window height                  2,453 m
Dlv - Diameter LV                   1,112 m
Hlv - Height of LV winding          1,5946 m
Rwlv - Mean LV diameter             3,0381 m
Dhv - HV winding diameter           1,5007 m
Hhv - Height of HV winding          1,9626 m
Rwhv - Mean HV diameter             4,1015 m
Rwav - Average winding diamet.      3,5698 m
Hav - Average winding height        1,7786 m
X - Reactance %                     16,426 %
Rlv - Resistance LV                 0,0329 Ohm
Rhv - Resistance HV                 0,5844 Ohm
Requ - Equivalent Resistance        1,0173 Ohm
R % - Resistance                    0,27 %
Z % - Impedance                     16,43 %
Vfe - Volume Fe                     6,79020 m3
Mfe - Mass Fe                       53.303 kg
Mlv - Mass of LV winding            2.370,6 kg
Mhv - Mass of HV winding            3.200,3 kg
Mcu - Total mass of Cu              16.712,8 kg
Moil - Mass of Oil                  47.973 kg
Steel Cutting Time                  249 h
Insulation                          3.243 h
Winding                             3.150 h
Assembly                            4.751 h
```

Slika 4.19: Konfiguracija transformatora 130 MVA u sklopu prodajnog naloga

Kako je prikazano na slici 4.2, dovoljno je upisati šifru konfiguracijskog transformatora i traženi rok isporuke. Sljedeći korak je definiranje specifikacije, odnosno konfiguracijskih parametara za konkretni slučaj, te ispis svih zadanih i izračunatih parametara (slika 4.19).

4.5.   Izračun proizvodne cijene

Izračun proizvodne cijene se radi prema konfiguraciji prodajnog naloga. Nakon što je konfiguracija završena, cijena se izračunava sukladno definiranoj vrijednosnoj i količinskoj strukturi [19]:

- Količina materijala se uzima iz sastavnice (prema dodijeljenim zavisnostima), a jedinična cijena materijala iz matičnih podataka materijala
- Količina proizvodnog vremena se uzima iz plana operacija (prema dodijeljenim zavisnostima), a jedinična cijena proizvodnih aktivnosti iz matičnih podataka tipova aktivnosti i mjesta troška
- Trošak proizvodne režije se određuje prema unaprijed definiranom ključu

Standardni SAP ekran prilikom pokretanja izračuna cijene unutar prodajnog naloga je prikazan na slici 4.20. Financijski iznosi su pokriveni, radi zaštite osjetljivih podataka.

Detaljni standardni prikazi troškova materijala i aktivnosti su dani na slikama 4.21 i 4.22, a prikaz troškova režije na slici 4.23.

Trošak proizvodne režije izračunava se u pravilu na način da se definira postotak u odnosu na neki referentni trošak. U ovom primjeru je to definirano kao 20% na zbroj troškova materijala (bez kotla) i svih aktivnosti, te dodatnih 15% na zbroj troškova materijala, aktivnosti i kotla. Upravo kod izračunavanja troškova režije postoji veliki broj opcija za podešavanje željenog pravila, ali to ne ulazi u opseg ovog istraživanja.

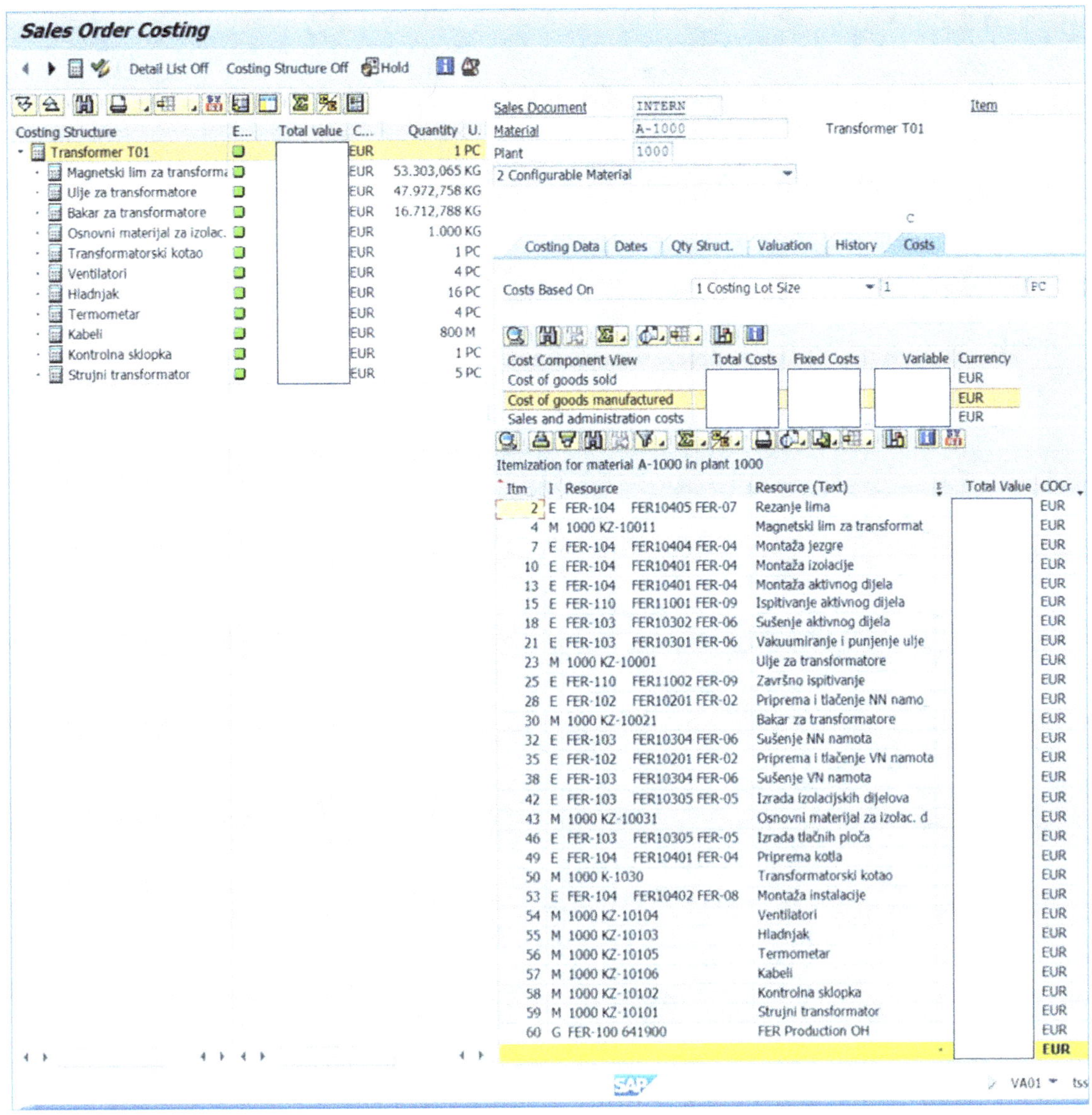

Slika 4.20: Primjer izračun proizvodne cijene transformatora 130 MVA u sklopu prodajnog naloga

Itemization for material A-1000 in plant 1000

Itm	Resource	Resource (Text)	Σ	Total Value	Currncy	Quantity	Un
4	1000 KZ-10011	Magnetski lim za transformatore			EUR	53.303,065	KG
23	1000 KZ-10001	Ulje za transformatore			EUR	47.972,758	KG
30	1000 KZ-10021	Bakar za transformatore			EUR	16.712,788	KG
43	1000 KZ-10031	Osnovni materijal za izolac. dijelove			EUR	1.000	KG
50	1000 K-1030	Transformatorski kotao			EUR	1	PC
54	1000 KZ-10104	Ventilatori			EUR	4	PC
55	1000 KZ-10103	Hladnjak			EUR	16	PC
56	1000 KZ-10105	Termometar			EUR	4	PC
57	1000 KZ-10106	Kabeli			EUR	800	M
58	1000 KZ-10102	Kontrolna sklopka			EUR	1	PC
59	1000 KZ-10101	Strujni transformator			EUR	5	PC
Material			·		**EUR**		

Slika 4.21: Prikaz materijalnih troškova

prilikom izračuna proizvodne cijene transformatora u sklopu prodajnog naloga

Itemization for material A-1000 in plant 1000

ItmNo	Resource		Resource (Text)	Σ	Total Value	Currncy	Quantity	Un
2	FER-104	FER10405 FER-07	Rezanje lima			EUR	248,855	H
7	FER-104	FER10404 FER-04	Montaža jezgre			EUR	2.138,117	H
10	FER-104	FER10401 FER-04	Montaža izolacije			EUR	1.425,411	H
13	FER-104	FER10401 FER-04	Montaža aktivnog dijela			EUR	1.187,843	H
15	FER-110	FER11001 FER-09	Ispitivanje aktivnog dijela			EUR	3	H
18	FER-103	FER10302 FER-06	Sušenje aktivnog dijela			EUR	120	H
21	FER-103	FER10301 FER-06	Vakuumiranje i punjenje ul…			EUR	120	H
25	FER-110	FER11002 FER-09	Završno ispitivanje			EUR	30	H
28	FER-102	FER10201 FER-02	Priprema i tlačenje NN na…			EUR	944,940	H
32	FER-103	FER10304 FER-06	Sušenje NN namota			EUR	180	H
35	FER-102	FER10201 FER-02	Priprema i tlačenje VN nam…			EUR	2.204,860	H
38	FER-103	FER10304 FER-06	Sušenje VN namota			EUR	100	H
42	FER-103	FER10305 FER-05	Izrada izolacijskih dijelova			EUR	1.297,144	H
46	FER-103	FER10305 FER-05	Izrada tlačnih ploča			EUR	1.945,716	H
49	FER-104	FER10401 FER-04	Priprema kotla			EUR	130	H
53	FER-104	FER10402 FER-08	Montaža instalacije			EUR	160	H
Internal Activity				·		**EUR**		

Slika 4.22: Prikaz troškova proizvodnih aktivnosti

prilikom izračuna proizvodne cijene transformatora u sklopu prodajnog naloga

ItmNo	Resource	Resource (Text)	Σ	Total Value	Currncy	Σ	Quantity	Un
60	FER-100 641900	FER Production OH			EUR			
Overhead			·		**EUR**			

Slika 4.23: Prikaz troškova proizvodne režije

prilikom izračuna proizvodne cijene transformatora u sklopu prodajnog naloga

Na slici 4.24 je dan standardni prikaz zbirnih troškova po operacijama (u jednoj stavci su zbrojeni troškovi svih materijala i proizvodnih aktivnosti koji spadaju u konkretnu operaciju).

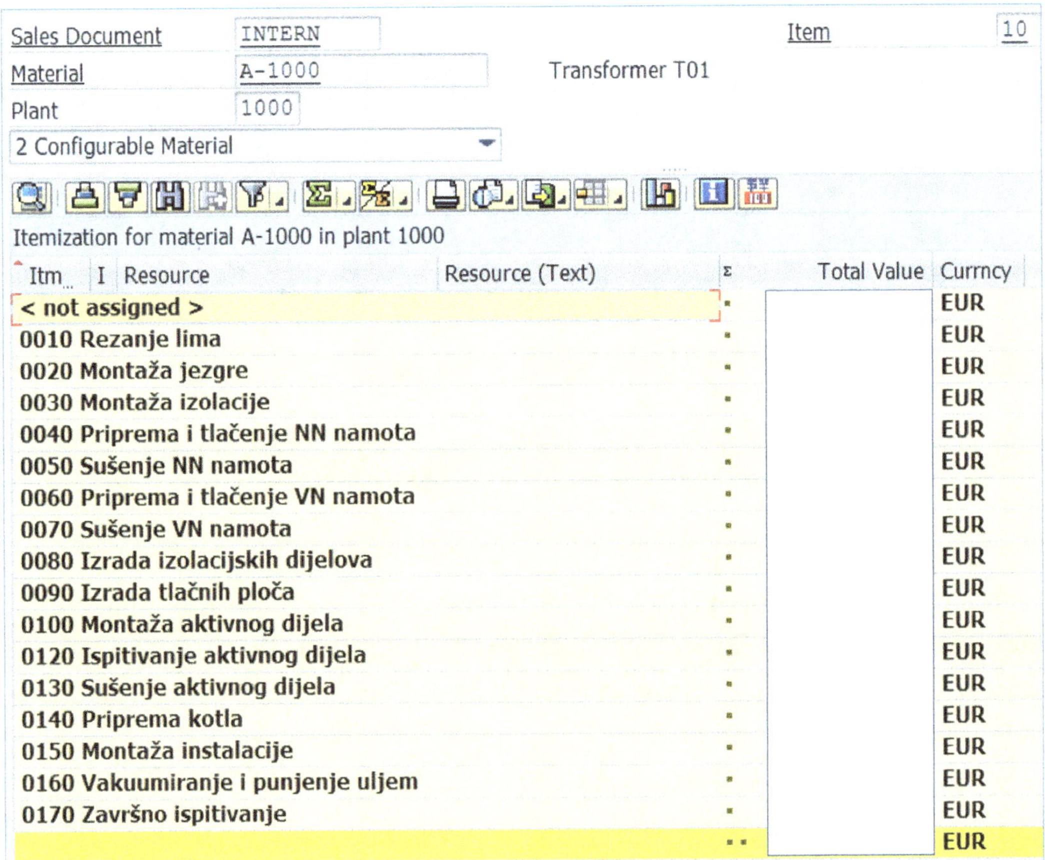

Slika 4.24: Sumarni prikaz proizvodnih troškova po operacijama, uključivo pripadajuće materijale, prilikom izračuna proizvodne cijene transformatora u sklopu prodajnog naloga

Standardna funkcionalnost izračuna proizvodne cijene omogućava velike mogućnosti analiza troškova i vrlo brzo uočavanje „slabih točaka", odnosno mogućih mjesta gdje se može „djelovati" na cijenu.

4.6.   Analiza materijalnih potreba

Nakon procjene troškova, kreće se u analizu potreba za materijalima i proizvodnim kapacitetima. Osnovni preduvjet je provedba MRP-a. Prije provedbe MRP-a se u sustavu vidi potražnja za materijalima, ali ne i informacija o statusu svih materijala (slika 4.25).

Order	Description	Requirem...	Requir...	Reqmt ...	Re...	Rec./reqd qty	B.	Receipt D...	Rece...	Receipt ...
▾ 0000014815										
▾ A-1000	Transformer T01	26.10.2017	Order	14815	10	1,000- PC		26.10.2017	PlOrd.	39844
KZ-10104	Ventilatori	10.10.2017	DepReq	77734	1	4,000- PC				
KZ-10103	Hladnjak	10.10.2017	DepReq	77734	2	16,000- PC				
KZ-10105	Termometar	10.10.2017	DepReq	77734	3	4,000- PC				
KZ-10106	Kabeli	10.10.2017	DepReq	77734	4	800- M				
KZ-10102	Kontrolna sklopka	10.10.2017	DepReq	77734	5	1,000- PC				
KZ-10011	Magnetski lim za transformatore	03.07.2017	DepReq	77734	6	53.303,065- KG				
KZ-10021	Bakar za transformatore	03.07.2017	DepReq	77734	7	16.717,658- KG				
KZ-10031	Osnovni materijal za izolac. dije...	03.07.2017	DepReq	77734	8	1.000- KG				
K-1030	Transformatorski kotao	16.10.2017	DepReq	77734	9	1,000- PC				
KZ-10101	Strujni transformator	10.10.2017	DepReq	77734	10	5,000- PC				
KZ-10001	Ulje za transformatore	17.10.2017	DepReq	77734	11	47.972- KG				

Slika 4.25: Situacija prije pokretanja MRP-a za transformator (prodajni nalog)

MRP se pokreće za konkretni prodajni nalog (slika 4.26) i najvažnija stvar je da se radi s uključenom opcijom „Lead time scheduling and capacity planning". Tom se opcijom dobivaju rezultati s kojima se može odmah nakon MRP-a, još na razini planskih naloga, ići na provjeru kapaciteta (poglavlje 4.7.).

Svrha ovog koraka (MRP) je dvostruka:

- Uputa sustavu da provjeri raspoloživost potrebnih materijala i da kreira prijedloge za nabavu nedostajućih materijala
- Uputa sustavu da kreira planski proizvodni nalog sa svim operacijama, tako da se odmah nakon toga može krenuti s provjerom raspoloživih kapaciteta

Kao rezultat MRP-a u sustavu se kreiraju planski nalozi za proizvodnju i planski nalozi za nabavu potrebnih materijala. Postoji mnoštvo načina pregleda i analize rezultata ovog koraka, ali svima je zajedničko da prikazuju bitne rezultate za planere.

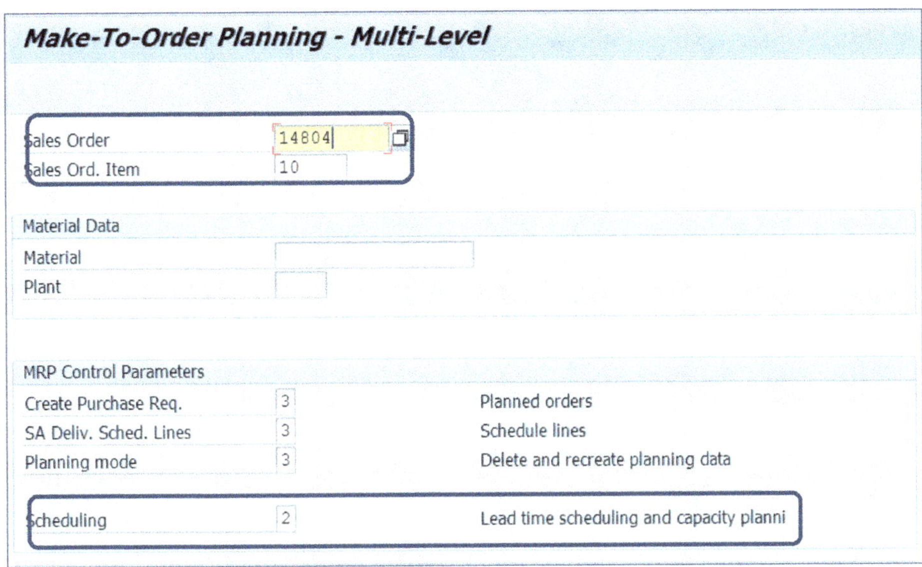

Slika 4.26: Pokretanje MRP-a za transformator (prodajni nalog)

Na slici 4.27 je dan prikaz rezultata MRP-a, s kreiranim planskim nalozima i datumima raspoloživosti materijala (kolona „Receipt date").

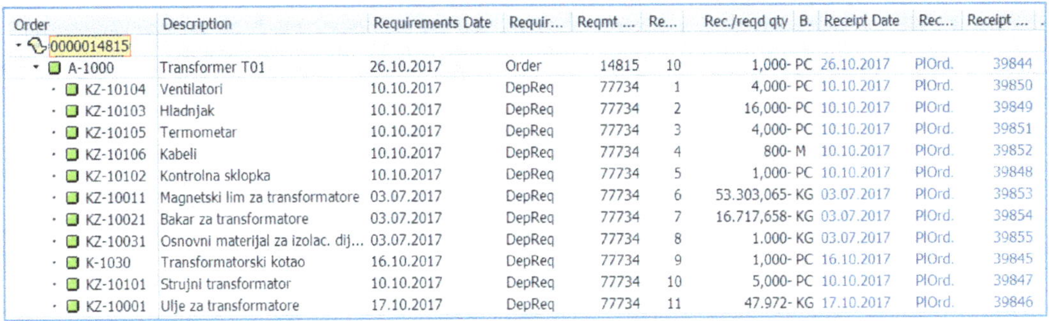

Order	Description	Requirements Date	Requir...	Reqmt ...	Re...	Rec./reqd qty	B.	Receipt Date	Rec...	Receipt ...
▾ 0000014815										
▾ A-1000	Transformer T01	26.10.2017	Order	14815	10	1,000- PC		26.10.2017	PlOrd.	39844
· KZ-10104	Ventilatori	10.10.2017	DepReq	77734	1	4,000- PC		10.10.2017	PlOrd.	39850
· KZ-10103	Hladnjak	10.10.2017	DepReq	77734	2	16,000- PC		10.10.2017	PlOrd.	39849
· KZ-10105	Termometar	10.10.2017	DepReq	77734	3	4,000- PC		10.10.2017	PlOrd.	39851
· KZ-10106	Kabeli	10.10.2017	DepReq	77734	4	800- M		10.10.2017	PlOrd.	39852
· KZ-10102	Kontrolna sklopka	10.10.2017	DepReq	77734	5	1,000- PC		10.10.2017	PlOrd.	39848
· KZ-10011	Magnetski lim za transformatore	03.07.2017	DepReq	77734	6	53.303,065- KG		03.07.2017	PlOrd.	39853
· KZ-10021	Bakar za transformatore	03.07.2017	DepReq	77734	7	16.717,658- KG		03.07.2017	PlOrd.	39854
· KZ-10031	Osnovni materijal za izolac. dij...	03.07.2017	DepReq	77734	8	1.000- KG		03.07.2017	PlOrd.	39855
· K-1030	Transformatorski kotao	16.10.2017	DepReq	77734	9	1,000- PC		16.10.2017	PlOrd.	39845
· KZ-10101	Strujni transformator	10.10.2017	DepReq	77734	10	5,000- PC		10.10.2017	PlOrd.	39847
· KZ-10001	Ulje za transformatore	17.10.2017	DepReq	77734	11	47.972- KG		17.10.2017	PlOrd.	39846

Slika 4.27: Planski nalozi kao rezultat MRP-a za prodajni nalog transformatora

Ulaskom u detalje proizvodnog naloga za transformator, uočavaju se ključni proizvodni detalji: povezanost s prodajnim nalogom te najkasniji datum početka proizvodnje da bi se ispunio zahtjev kupca (slika 4.28).

Sam MRP postupak krije još mnoge zanimljivosti, ali to ne spada u domenu ovog istraživanja.

Dates/Times

	Basic Dates		Scheduled		Confirmed	
End	26.10.2017	00:00	25.10.2017	23:00		
Start	03.07.2017	00:00	03.07.2017	11:15		00:00
Release			03.07.2017			

Sales Order

Sales Order	14815	10	0	Req.DDate	31.10.2017	1st DDate	31.10.2017
Ordering Pty	1032	Institut fuer Umweltforschung				Muenchen	

Slika 4.28: Planski proizvodni datumi kreirani na osnovu prodajnog zahtjeva i matičnih podataka

4.7.   Analiza potreba za proizvodnim kapacitetima

Glavni cilj planiranja kapaciteta je raspoređivanje operacija u skladu s raspoloživim proizvodnim kapacitetima i prema definiranim nazivnim proizvodnim vremenima i sekvencama. Takvo se planiranje generalno može načiniti pomoću dvije metode:

- Metoda izravnavanja kapaciteta (Capacity Leveling)
- Metoda planiranja bazirana na ograničenjima (Constraint-based Planning)

SAP ERP koristi metodu izravnavanja kapaciteta, koja se sastoji se od dva koraka:

- Provedba MRP-a s rezultatom u obliku planskih proizvodnih naloga, s rezultiraju-ćim datumima baziranim na definiranim datumima potreba
- Provedba CRP-a s planskim ili stvarnim proizvodnim nalozima, s rezultirajućim datumima baziranim na raspoloživim kapacitetima

Metoda izravnavanje kapaciteta ne može pružiti optimizaciju [38]. Ona u svom prvom koraku koristi neograničene resurse, čime se omogućava da bilo koji nalog bude dodijeljen planiranom radnom centru, odnosno rezultirajući proizvodni datumi su vezani jedino za datume potreba te za osnovna proizvodna vremena definirana u matičnim podacima, tj. u planovima operacija, uključivo dodijeljene zavisnosti.

To znači da u slučaju prodajnog naloga 14815 iz prethodnog poglavlja, sustav nije provjerio jesu li u tom periodu kapaciteti slobodni. Sustav je samo izračunao da se proizvodnja može izvršiti u traženom roku, na osnovu standardnih proizvodnih vremena, u idealnim uvjetima. Ukoliko bi u tom periodu bilo dodatnih zahtjeva, sustav ne bi mijenjao datume proizvodnje, nego bi samo dao informaciju o „preopterećenju".

Tek u drugom koraku se proizvodni nalozi dispečiraju, tj. razmještaju u periode s manjim opterećenjima. To dispečiranje se može raditi ručno (na tzv. grafičkoj planskoj ploči, prema vidljivim slobodnim područjima) ili automatski, uz prethodno definirana osnovna pravila u profilu strategije za dispečiranje, čiji su glavni dijelovi prikazani na slikama 4.29 do 4.32:

- parametri raspoređivanja

- parametri dispečiranja

- izbor kategorije naloga (planski, stvarni, simulacijski)

- izbor verzije kapaciteta

- definiranje vremenskog horizonta planiranja

Kao i u komentaru MRP-a, i ovdje se mora istaći da detalji postavljanja parametara za planiranje kapaciteta nisu u domeni ovog istraživanja, ali su ipak se morali prikazati zbog potrebe za naglašavanjem velikih mogućnosti ERP analiza nakon konfiguracije modela.

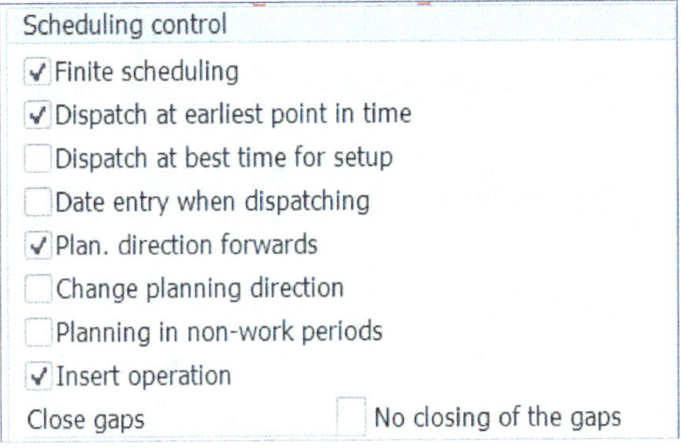

Slika 4.29: Parametri raspoređivanja u strategiji dispečiranja

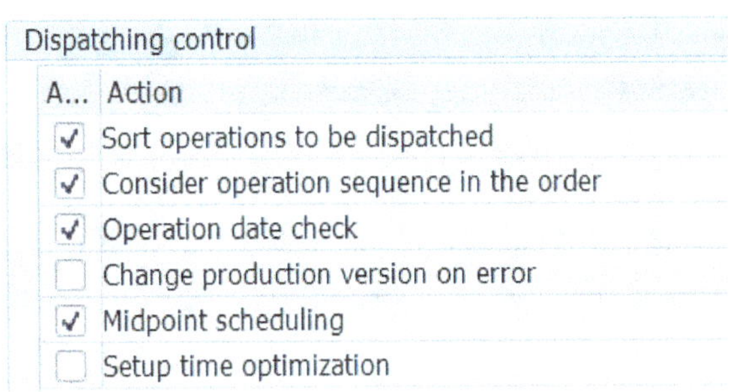

Slika 4.30: Parametri dispečiranja u strategiji dispečiranja

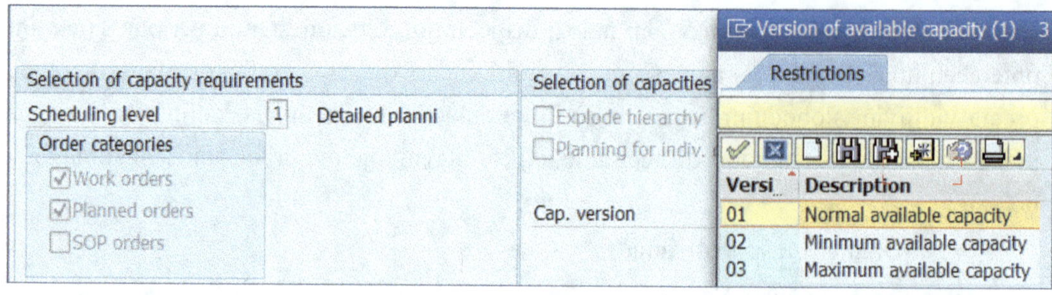

Slika 4.31: Izbor kategorije naloga i verzije kapaciteta u strategiji dispečiranja

Slika 4.32: Definiranje vremenskog horizonta planiranja u strategiji dispečiranja

Planiranje kapaciteta se može raditi na dva načina:

- grafička planska ploča
- tablična planska ploča

S obzirom na to da je planiranje na grafičkoj planskoj ploči neusporedivo lakše, u nastavku će biti analizirana samo ta metoda.

Planiranje se može raditi s obje vrste proizvodnih naloga, tj. i s planskim i s radnim (stvarnim) nalozima. Planski proizvodni nalozi su direktni rezultat MRP postupka. Nakon MRP-a, planski nalozi se pretvaraju u radne naloge. Princip planiranja za obje vrste naloga je isti, pa se u ovom istraživanju analiziran češći slučaj, planiranje s radnim nalozima.

Na slici 4.33 je dan prikaz provjere raspoloživosti kapaciteta direktno iz radnog naloga 60003913, koji je kreiran na osnovu zahtjeva iz prodajnog naloga 14813:

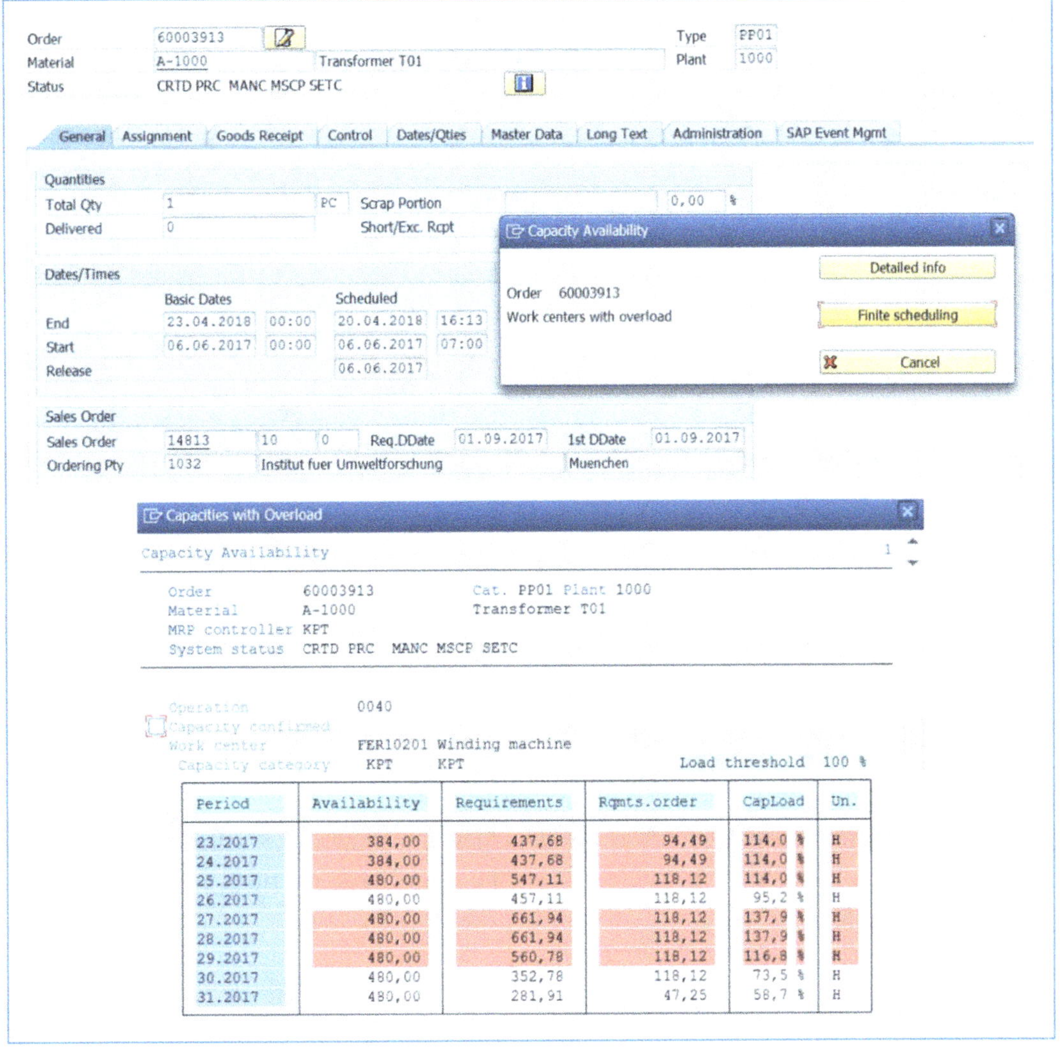

Slika 4.33: Provjera slobodnih kapaciteta tokom kreiranja radnog proizvodnog naloga

S informacijom o preopterećenosti određenih proizvodnih linija, kreće se u postupak izravnavanja kapaciteta (Capacity Leveling). Početna situacija je vidljiva na slici 4.34. Sve operacije radnog naloga 60003911 su u donjem dijelu ekrana, odnosno nisu dispečirane na raspoložive proizvodne centre. U gornjem dijelu ekrana su prikazani proizvodni radni centri s već dodijeljenim operacijama.

Za početak je ekran pozvan samo za „naš" proizvodni nalog, a sustav je „čist", odnosno gornji dio ekrana je prazan - još nema dispečiranih naloga koji bi fiksno zauzeli kapacitete radnih centara.

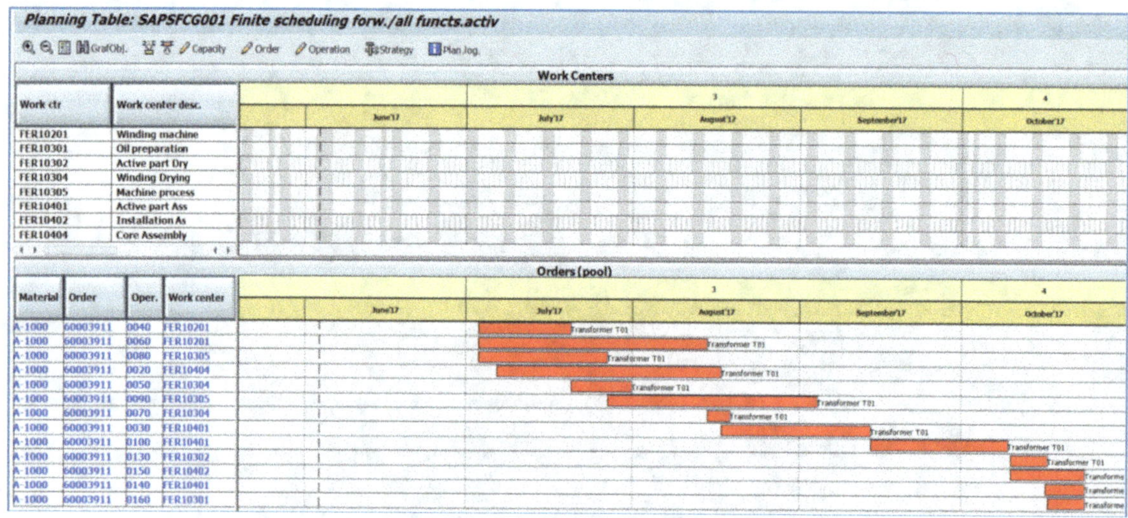

Slika 4.34: Planska ploča s proizvodnim nalozima, početna situacija

To je normalna situacija ukoliko se ne koristi opcija planiranja kapaciteta. Operacije su vremenski raspoređene na način kako je to definirano vremenima i međusobnim vezama u planu operacija, te na osnovu traženog datuma isporuke definiranom u prodajnom nalogu.

Nakon što se izvrši dispečiranje na slobodne kapacitete, situacija se mijenja (slika 4.35). Na gornjem dijelu ekrana se pojavljuju operacije dispečirane na radne centre u njihovim slobodnim terminima.

Dispečirane operacije su uzrokovale zauzeće kapaciteta, i sljedeći proizvodni nalog sa svojim operacijama neće moći biti planiran u tim terminima. Sastav će te „nove" operacije dispečirati prije ili poslije već dispečiranih operacija, ovisno o parametrima u strategiji dispečiranja (slike 4.29 i 4.30).

Naravno, u stvarnosti se neće događati situacija kao na slici 4.35. Proizvodni radni centri će prethodno biti zauzeti s postojećim proizvodnim nalozima. Zato će se u svrhu uočavanja ovog ključnog trenutka istraživanja, ponoviti prethodni korak, uz postojanje prethodno dispečiranih radnih naloga.

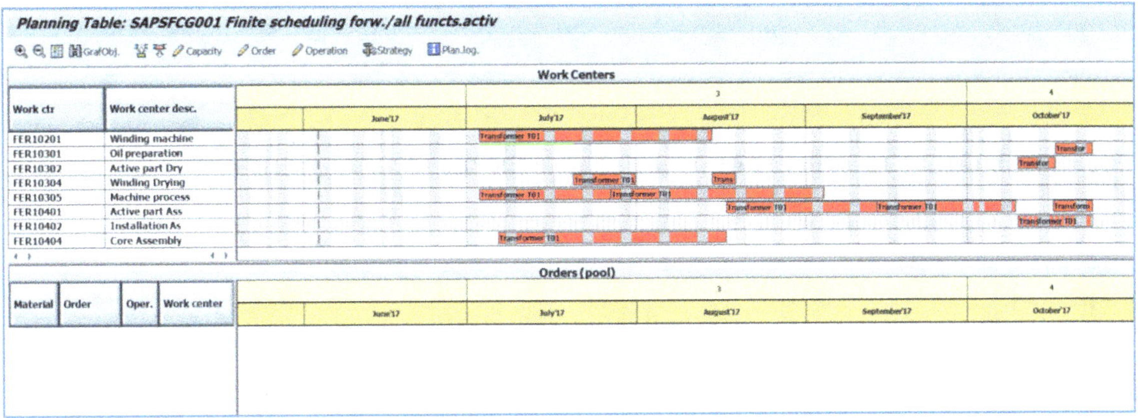

Slika 4.35: Planska ploča s proizvodnim nalozima, nakon dispečiranja operacija

(izravnavanje kapaciteta)

Situacija prije dispečiranja je dana na slici 4.36. Na slici se u gornjem dijelu ekrana uočavaju operacije koje su prije dispečirane i time zauzele kapacitete pojedinih radnih centara. Sve operacije radnog naloga 60003911 su u donjem dijelu ekrana, odnosno još nisu dispečirane na raspoložive proizvodne radne centre.

Dispečiranje sada može biti izvršeno na dva načina:

- ručno
- automatski

Prilikom ručnog dispečiranja, jednostavnim „drag and drop" načinom se operacije prenesu iz donjeg na gornji dio ekrana, u slobodne periode željenih radnih centara.

Prilikom automatskog dispečiranja, sustav sam dispečira operacije na slobodna mjesta, na osnovu prethodno postavljenih pravila.

Dodatna mogućnost komplikacija (ili olakšanja, ovisi kako se shvati), je mogućnost korištenja više "pojedinačnih kapaciteta". Naime, nekoliko istih proizvodnih linija može biti svrstano u jedan SAP radni centar, pa se svaka linija proglašava pojedinačnim kapacitetom. U slučaju da su te linije potpuno neovisne, onda se u matičnim podacima konkretnog radnog centra aktivira opcija za korištenje radnog centra za više operacija istovremeno (slika 4.37).

Situacija nakon dispečiranja je prikazana na slici 4.38. Na određenim radnim centrima je u sklopu matičnih podataka definirano da imaju više "pojedinačnih kapaciteta", te da se u jednom trenutku na njima može izvoditi više operacija / radnih naloga. Na slici 4.38 su takvi vremenski trenuci označeni zelenom bojom. U slučaju redovnog planiranja s pojedinačnim kapacitetima, koristila bi se grafička planska ploča s tri dijela ekrana, pri čemu bi srednji dio bio rezerviran za detaljne informacije o pojedinačnim kapacitetima.

Tada bi se za svaki definirani pojedinačni kapacitet na ekranu vidjela posebna stavka (poseban red).

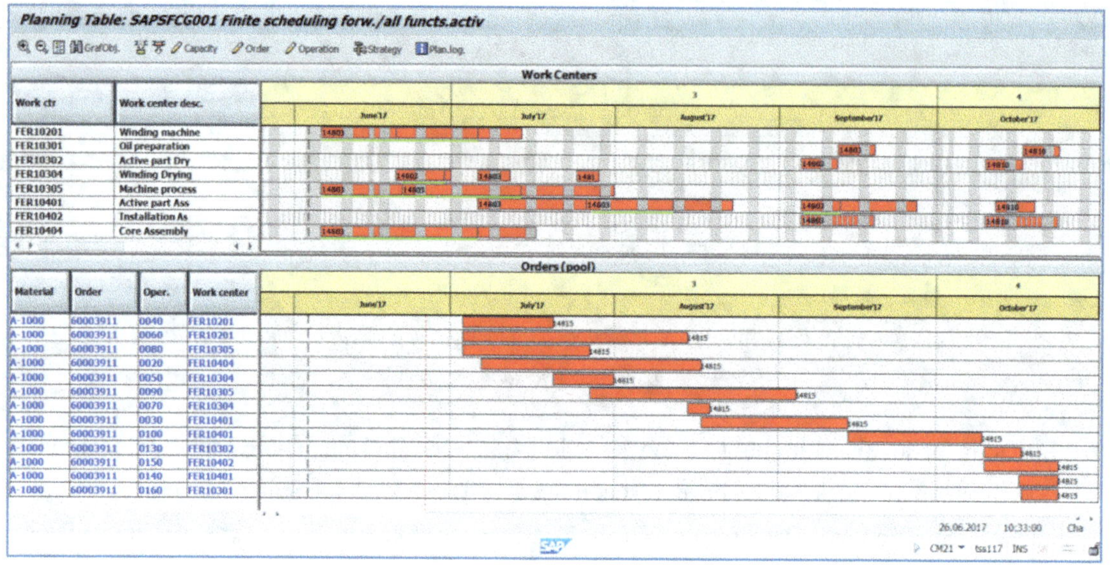

Slika 4.36: Planska ploča s proizvodnim nalozima, početna situacija

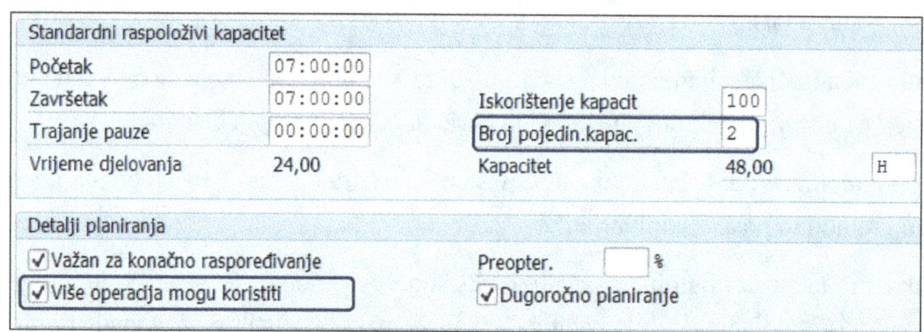

Slika 4.37: Parametri radnih centara bitni za planiranje kapaciteta

Grafička planska ploča se, osim u prethodno prikazanim parametrima za strategiju, izbor kategorije naloga i vremenski horizont, može poprilično prilagoditi korisničkim zahtjevima za bolju vizualizaciju:

- Kolone i tekst u kolonama
- Vremenska skala
- Boje kućica koje predstavljaju operacije proizvodnih naloga

- Informacija u tekstu operacija
    - u obrađivanom primjeru je na prvim slikama uz svaku operaciju tekst „Opis materijala", a kasnije je to izmijenjeno u „Broj prodajnog naloga"
- Smještaj teksta operacija

Takvo prilagođavanje je složen proces, ali je dobra stvar da se ne treba ništa programirati, nego samo „parametrizirati", odnosno sve spada u standardno rješenje.

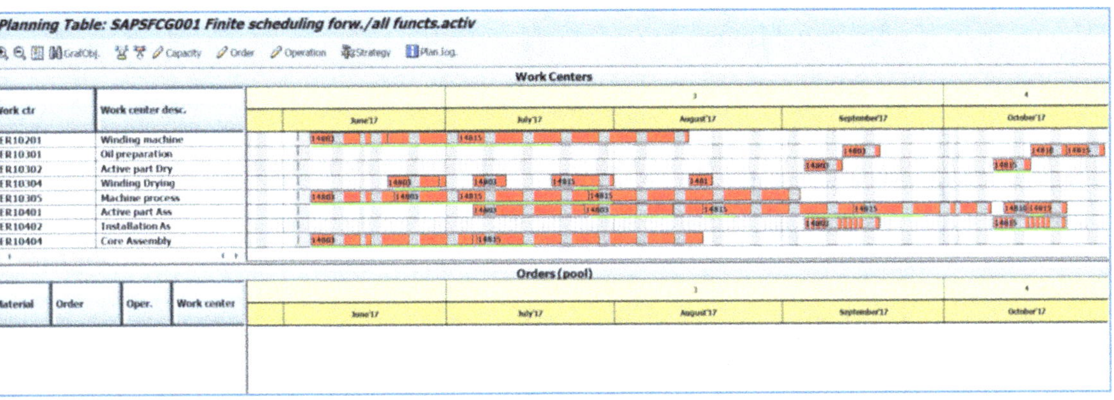

Slika 4.38a: Planska ploča s proizvodnim nalozima, nakon dispečiranja operacija

(mjesečna skala)

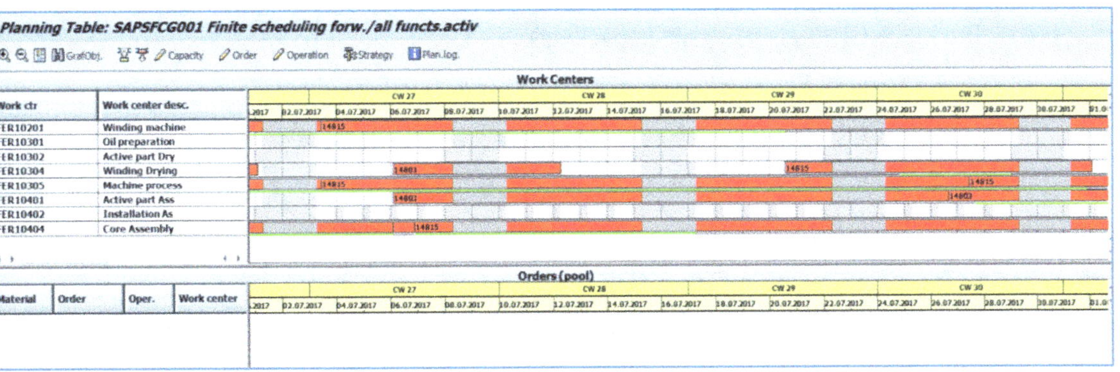

Slika 4.38b: Planska ploča s proizvodnim nalozima, nakon dispečiranja operacija

(dnevna skala)

4.8.   Sumarni prikaz korisničkih koraka u SAP ERP-u

Na kraju ovog dijela istraživanja, korisno je sumirati sve važne korake koje određeni menadžer, kao korisnik ovog modela, mora / može načiniti u SAP ERP sustavu:

- Kreiranje simulacijskog proizvodnog naloga
    - željeni datum završetka proizvodnje
    - konfiguracija (specifikacija)
    - pregled sastavnice i komponenata
    - pregled plana operacija i proizvodnih vremena
    - Ganttov dijagram
- Kreiranje prodajnog naloga
    - željeni datum isporuke
    - konfiguracija (specifikacija)
    - izračun proizvodne cijene
    - analiza proizvodne cijene
- Provedba MRP-a (planiranje materijala)
    - provedba MRP-a za prodajni nalog
    - pregled planski naloga za proizvodnju i nabavu
    - analiza datuma naloga i operacija
    - pretvorba planskog naloga u proizvodni nalog
    - provjera raspoloživosti materijala
- Provedba CRP-a (planiranje kapaciteta)
    - grafički pregled raspoloživosti proizvodnih kapaciteta
    - dispečiranje proizvodnih operacija

5. PROVEDBA UNAPREĐENJA PROCESA POSLOVNOG ODLUČIVANJA

U prethodnim poglavljima se razmatrala mogućnost proširenja uloge poslovnog softvera u proizvodnim poduzećima. Prikazan je način izrade analitičkog modela transformatora u sklopu SAP ERP sustava, te integracija tog modela s redovnim funkcijama poslovnog softvera, u svrhu olakšanja posla menadžerima u trenucima potrebe za brzim analizama i odlukama.

Kad se razmatra potreba za brzim analizama i odlučivanjem, dodatni primjer potvrde za takvim potrebama je i prethodno spomenuto istraživanje objavljeno u Harward Business Review časopisu [15], gdje se navodi kako je prvo od četiri navike uspješnih izvršnih menadžera upravo „odlučivanje s brzinom i uvjerenjem". Isti izvor kaže da vrhunski menadžeri shvaćaju da ne smiju čekati na savršenu informaciju; odnosno da nakon što dobiju 65 postotnu sigurnost informacije, oni donose odluku.

Svemu tome u prilog idu i djela poznatog znanstvenika Herberta A. Simona, koji u [39] kaže da će odluke koje bi bile optimalne u pojednostavljenom svijetu rijetko biti optimalne u stvarnom svijetu, ali da iskustvo pokazuje da će često biti sasvim zadovoljavajuće.

5.1. Prijedlog novog postupka

Postupak koji je prikazan u prethodnim poglavljima predstavlja jednu viziju novog postupka procjene izvedivosti projekta izrade električnog stroja pomoću SAP ERP modela. Postupak je podijeljen u osam faza:

- Faza 1: Izračun osnovnih dimenzija
- Faza 2: Izračun potrebne količine materijala
- Faza 3: Izračun troškova materijala
- Faza 4: Izračun potrebnog radnog vremena
- Faza 5: Izračun troškova rada
- Faza 6: Izračun proizvodne cijene
- Faza 7: Provjera raspoloživosti materijala
- Faza 8: Provjera raspoloživosti kapaciteta

Svaka od navedenih faza se može odraditi u SAP ERP sustavu, te je na slici 5.1 prikazana povezanost pojedine faze i relevantne SAP ERP funkcionalnosti. Prva faza je najkritičnija.

Za dovoljno kvalitetan izračun dimenzija se mora precizno osmisliti model s karakteristikama i zavisnostima unutar funkcionalnosti varijantne konfiguracije.

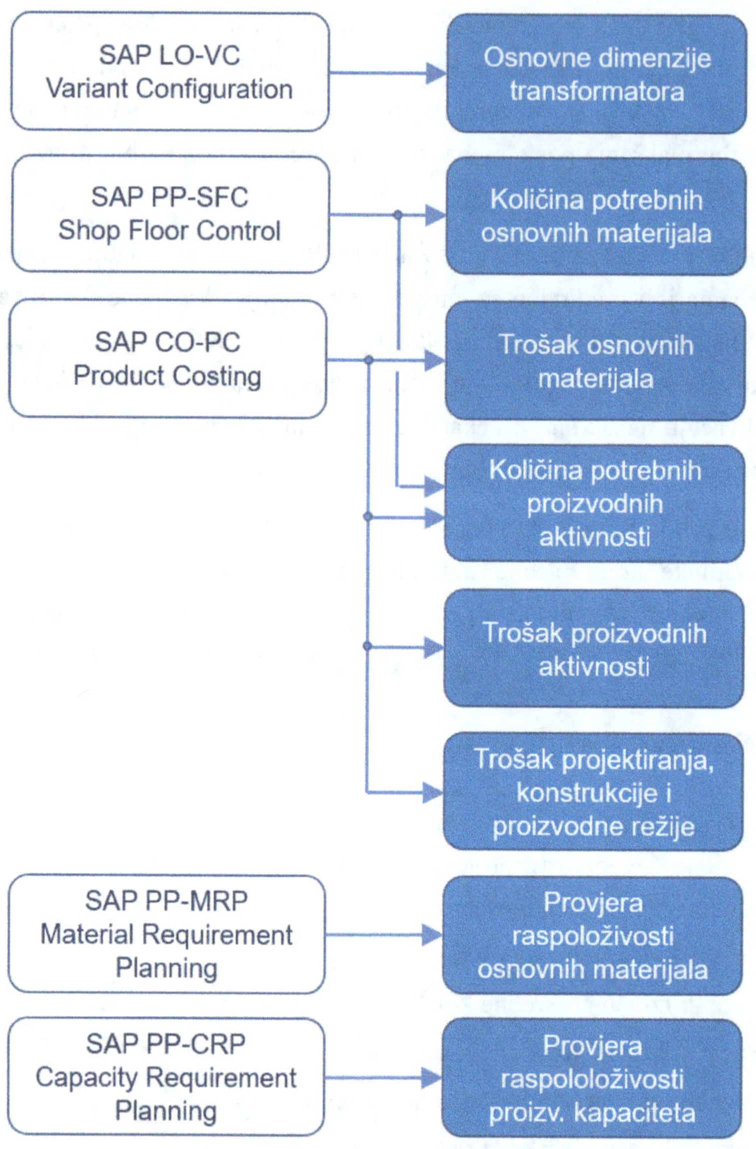

Slika 5.1: Prikaz procedure i povezanosti sa SAP modulima

U sklopu ovog istraživanja je pokazano da se u izračun mogu uključiti potrebni matematički izrazi, ali i neophodna očitanja tabličnih vrijednosti. Proračuni se izvode vrlo lako i brzo, te se bez problema može načiniti i potreban broj različitih iteracija.

U proračun se preko zavisnosti mogu uključiti sve potrebne informacije, te je moguće dobivene rezultate uključiti u standardne ERP poslovne, sastavnice i planove operacija:

- za određivanje potrebne količine materijala je predloženo korištenje rezultata izračuna dimenzija

- za određivanje potrebnih proizvodnih aktivnosti je predloženo korištenje povijesnih podataka i formiranje matematičkih izraza prihvatljive točnosti i oblika prihvatljivog za formiranje zavisnosti (npr. linearna interpolacija).

S obzirom na to da se u ERP-u nalaze vrlo pouzdane informacije o cijenama materijala i proizvodnih aktivnosti, jasno je da se vrlo lako na osnovu izračunatih potrebnih količina materijala i radnih sati, može doći do informacije o očekivanim proizvodnim troškovima.

Faza provjere raspoloživosti proizvodnih resursa (materijali i kapaciteti) započinje provedbom MRP-a, pokrenutog za konkretni kupčev zahtjev. Za provjeru raspoloživosti proizvodnih resursa, SAP ERP koristi metodu izravnavanja kapaciteta (Capacity Leveling) koja se sastoji iz dva stupnja:

- kreiranje proizvodnih naloga s datumima baziranim na definiranim datumima potreba i normativnim vremenima iz plana operacija

- dispečiranje proizvodnih naloga na raspoložive proizvodne kapacitete korištenjem grafičke planske ploče

5.2. Portal i uspostava novog procesa

U knjizi je pokazana ideja nove procedure i funkcionalnost svakog pojedinog koraka. Korištena je standardna verzija SAP ERP softvera. Velika prednosti je što se svi koraci rade u jednom informatičkom sustavu, u prirodnom menadžerskom okruženju, te mogu biti načinjeni od strane jedne osobe, što je bitna razlika u odnosu na korištenje više raznih specijalističkih tehničkih sustava.

Međutim, primjećuje se da kada bi se svi predstavljeni koraci morali izvoditi upravo na taj prikazani način, onda bi ili cijeli postupak izgubio na brzini, ili bi svi menadžeri koji bi koristili ovu metodu morali imati SAP vještine dostojne vrhunskog SAP konzultanta. Naime, problematična je komunikacija korisnika (menadžera) s više dijelova SAP sustava.

Da bi se uklonio taj nedostatak, moguće je kreirati tzv. menadžerski portal, odnosno specifičnu funkcionalnost koja bi korisniku omogućila korištenje samo jednog ekrana putem kojega bi se s tog jedinstvenog mjesta moglo pristupiti svim potrebnim SAP funkcijama koje se koriste u postupku. Također, određeni koraci postupka bi se mogli „spojiti", odnosno cijeli proces bi se mogao automatizirati i dodatno pojednostaviti [16].

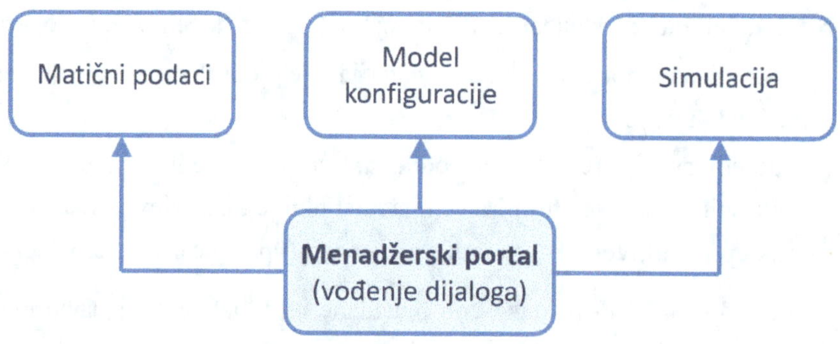

Slika 5.2: Portal – dijalog korisnika i sustava

Izgradnja korisničkog portala je uobičajena pojava u informatičkom svijetu. U ovom slučaju bi se pomoću programskog jezika ABAP [27] kreirali ekrani, ikone i funkcije točno prema korisničkim (menadžerskim) potrebama. Korisnik bi s jednog ekrana imao direktnu vezu prema konfiguracijskom modelu, prema matičnim podacima i prema svim transakcijama vezanima za pokretanje simulacije za konkretni slučaj transformatora.

Osim izgradnje portala, bitna stvar je i način uvođenja ovog novog procesa, te ostvarivanje svih potrebnih preduvjeta. Principi za uvođenje novih procesa [40] su univerzalni i prikazani na slici 5.3.

Svim se koracima mora posvetiti posebna pažnja na način da se precizno postave mjerila uspješnosti, odnosno ispunjenja zadanih ciljeva. Ipak, za jedan korak u toj metodi se može reći da je posebno osjetljiv: menadžersko obvezivanje. Naime, poznato je da menadžeri vole promjene, ali su prirodno neskloni obvezivanju dosljednih provođenja tih promjena. Bez njihovog obvezivanja ni jedna velika promjena ne može uspjeti, a bilo kakva promjena njihovog ključnog procesa svakako spada u kategoriju velikih promjena.

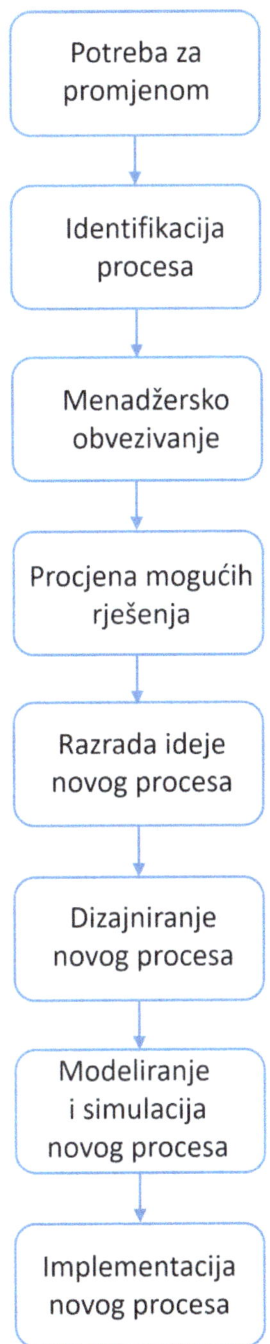

Slika 5.3: Principi promjene procesa

5.3.   Način implementacije

Potrebne akcije za dovođenje modela u potpunu funkcionalnost spadaju u domenu poslovnog projekta koji bi u potpunosti slijedio korake prikazane na slici 5.3.

Kad se riješi pitanje menadžerskog obvezivanja, ostaje kao glavna točka precizna implementacija svih SAP promjena koje su navedene u konkretnom slučaju:

- Kreiranje novih kategorija matičnih podataka u SAP ERP sustavu
    - Generički materijali
    - Jednorazinske sastavnice za potrebe konfiguracije
    - Planovi operacija s paralelnim sekvencama
- Aktiviranje potrebnih SAP ERP funkcionalnosti
    - Varijantna konfiguracija
    - Planiranje kapaciteta (grafička planska ploča)
- Izrada konfiguracijskog modela
    - Karakteristike
    - Varijantne tablice
    - Objektne zavisnosti
- Izrada portala
    - Povezivanje funkcija
    - Automatizacija modela

U projektu bi cijelo vrijeme aktivno bili uključeni:

- Budući korisnici modela, za aktivno sudjelovanje u definiranju izgleda portala
- Projektanti, za definiranje odgovarajuće procedure grubog proračuna transformatora (potrebni tehnički izrazi, iskustveni faktori, tablice i grafovi)
- Planeri proizvodnje, za definiranje proizvodnih faza koje bi bile obuhvaćene modelom
- Odgovorna osoba za tehnička SAP pitanja: definiranje simulacijske okoline
- SAP konzultant: prilagodba SAP ERP sustava i kreiranje konfiguracijskog modela
- SAP ABAP programer: izrada portala i dodatnih programa

6. ZAKLJUČAK

U knjizi je predstavljeno moguće rješenje za uočenu potrebu izrade jedinstvenog modela koji bi pomogao menadžerima u postupku donošenja odluke o sklapanju ugovora za izgradnju novih objekata. Obrađeno je pitanje mogućeg korištenja ERP-a u svrhe grubih analiza električkih strojeva i posebice transformatora, te su istražene mogućnosti objedinjavanja tehničkih i poslovnih funkcija u jedinstveni model. Mogućnost korištenja ERP modela za analizu i procjenu izvedivosti izgradnje električkih strojeva je u početku istraživanja bio potpuno nepoznati teritorij, čije je istraživanje tražilo kombinaciju kompetentnih znanja i iskustava u poljima elektrotehnike, poslovnih procesa i ERP sustava.

Potreba za novom procedurom je vezana sa spoznajom da menadžeri u proizvodnim poduzećima redovno koriste neku vrstu ERP softvera i da za bilo koju ozbiljniju tehničku analizu moraju koristiti usluge specijaliziranih programa korištenih od strane inženjera specijalista. Tako se u tvornicama, osim ERP sustava, redovno koriste programi tipa PDM, PDP, PLM, CAD, CAE, MS Project, …

S obzirom da su menadžeri vještiji u korištenju ERP-a nego tipičnih inženjersko-projektantskih softvera, u knjizi je prikazana mogućnost uključivanja dodatnih specifičnih tehničkih funkcionalnosti u standardni poslovni softver.

Obzirom na veliku analitičku sličnost transformatora i asinkronih strojeva, istraživanje je provedeno na obje spomenute vrste električkih strojeva. Analizirane su mogućnosti ERP sustava vezane za formiranje analitičkih modela:

- Izračunavanje parametara nadomjesne sheme transformatora i asinkronih strojeva
- Kreiranje statičkih karakteristika asinkronog motora
- Izračun elemenata vektorskog dijagrama transformatora
- Izračunavanje osnovnih dimenzija energetskog transformatora
- Izračun potrebne količine osnovnih materijala
- Izračun potrebnog proizvodnog vremena osnovnih faza proizvodnje

Na osnovu zadovoljavajućih rezultata prethodnih stavaka, nastavljena su istraživanja u pravcu izrade novog modela za pomoć menadžerima pri donošenju odluka:

- Analiza izvedivosti projekta izgradnje novog energetskog transformatora na osnovu izračuna osnovnih dimenzija, procjene troškova, provjere raspoloživosti materijala i provjere raspoloživosti proizvodnih kapaciteta.

Završni dio knjige predstavlja prikaz potrebnih projektnih akcija za dovođenje predloženog modela u potpunu funkcionalnost, od prilagodbe SAP sustava (matični podaci), preko aktiviranja potrebnih funkcionalnosti (Varijantna konfiguracija) do izrade menadžerskog portala i definiranja simulacijske okoline.

6.1. Analiza sposobnosti poslovnog softvera za planiranje resursa za matematičko modeliranje energetskih transformatora

Istraživanje zasnovano na poslovnom softveru SAP ERP je dovelo do sljedećih spoznaja:

- Matematičke mogućnosti poslovnog softvera se sastoje u sljedećem:
    - Osnovne aritmetičke funkcije
    - Osnovne trigonometrijske funkcije
    - Korijenska, eksponencijalna i logaritamska funkcija
- Standardne funkcionalnosti koje omogućuju korištenje matematičkih mogućnosti:
    - Formule i parametri u Proizvodnim radnim centrima
    - Objektne zavisnosti
    - Sastavnice s korištenjem zavisnosti
    - Planovi operacija s korištenjem zavisnosti
- Dodatne mogućnosti poslovnog softvera:
    - Definiranje varijantnih tablica za očitavanje iskustvenih parametara
    - Programski jezik ABAP za automatsko povezivanje koraka procesa, za izradu grafova i vizualni prikaz rezultata te za formiranje određenih dodatnih, nestandardnih funkcionalnosti

Nastavak istraživanja je rezultirao kreiranjem sljedećih modela:

- Model za izračun parametara nadomjesne sheme transformatora i asinkronih strojeva na osnovu rezultata mjerenja
    - Model izrađen pomoću objektnih zavisnosti
    - Rezultati modela su potvrđeni usporedbom s rezultatima relevantnih primjera (tablica 3.4)
- Model za izračun elemenata vektorskog dijagrama transformatora na osnovu poznatih parametara nadomjesne sheme
    - Model je izrađen pomoću objektnih zavisnosti

- Rezultati modela su potvrđeni usporedbom s rezultatima relevantnih primjera (tablica 3.8)

- Model za izračun osnovnih dimenzija transformatora na osnovu postavljenih specifikacija i iskustvenih parametara

  - Model je izrađen pomoću objektnih zavisnosti
  - Rezultati modela su potvrđeni usporedbom s rezultatima relevantnih primjera (tablice 3.10 i 3.12).

Dodatna istraživanja na asinkronim i istosmjernim strojevima su dovela do kreiranja još jednog dodatnog modela:

- Model za izračun statičkih karakteristika asinkronih strojeva na osnovu poznatih parametara nadomjesne sheme

  - Model izrađen pomoću formula i parametara u sklopu proizvodnih radnih centara, te pomoću funkcije potvrđivanja proizvodnih naloga
  - Rezultati modela su potvrđeni grafičkom usporedbom s rezultatima relevantnog primjera (slika 3.34b)

Dodatni zaključak na ovu temu, vezan uz istraživanje na području energetskih transformatora:

- *Poslovni softver za planiranje resursa SAP ERP raspolaže s dovoljno matematičkih i funkcionalnih mogućnosti za uspješno matematičko modeliranje statičkih stanja energetskih transformatora.*

6.2. Izrada i verifikacija analitičkog modela energetskih transformatora u poslovnom softveru za planiranje resursa

Istraživanje vezano uz ovu temu je rezultiralo kreiranjem sljedećih modela:

- Model za izračun elemenata vektorskog dijagrama na osnovu rezultata mjerenja

  - Model izrađen kombinacijom dva modela kreirana u sklopu prvog znanstvenog doprinosa; sve matematičke funkcije su izvedene pomoću objektnih zavisnosti

- Model za integraciju rezultata izračuna dimenzija u proizvodnu sastavnicu (potrebne količine osnovnih materijala) te u plan operacija (potrebno proizvodno vrijeme osnovnih faza procesa)

- Potrebne količine materijala se uključuju u sastavnicu povezivanjem s rezultatima izračuna dimenzija; povezivanje je izvedeno pomoću objektnih zavisnosti

- Potrebna proizvodna vremena se uključuju u plan operacija na osnovu linearne interpolacije stvarno utrošenih vremena sličnih transformatora; povezivanje je izvedeno pomoću objektnih zavisnosti

- Model za izračun statičkih karakteristika asinkronih strojeva na osnovu rezultata mjerenja

  - Model izrađen kombinacijom dva modela kreirana u sklopu prvog znanstvenog doprinosa; matematičke funkcije su izvedene pomoću objektnih zavisnosti i formula u sklopu proizvodnih radnih centara, a evidencija rezultata pomoću funkcije potvrđivanja proizvodnih naloga.

  - Model je dopunjen dodatnim ABAP programiranjem u cilju automatskog kreiranja krivulje statičke karakteristike asinkronog stroja (ovisnost momenta i struje o klizanju)

Dodatni zaključak vezan uz ovu temu, a na osnovu istraživanja na području energetskih transformatora:

- *Poslovni softver za planiranje resursa SAP ERP raspolaže s dovoljno matematičkih i funkcionalnih mogućnosti za uspješno kreiranje analitičkog modela energetskih transformatora.*

6.3. Model procesa poslovnog odlučivanja tvornice transformatora primjenom analitičkog modela transformatora u poslovnom softveru za planiranje resursa uzimajući u obzir raspoloživost proizvodnih kapaciteta

Istraživanje vezano uz ovu temu je rezultiralo sljedećim:

- Integracija rezultata prethodnih modela u standardni SAP proces za izračun proizvodne cijene

- Integracija rezultata prethodnih modela u standardni SAP proces za planiranje materijalnih potreba (MRP)

- Integracija rezultata prethodnih modela u standardni SAP proces za planiranje kapaciteta (CRP)

Daljnja analiza je dovela do sljedećih spoznaja:

- Model za unapređenje procesa odlučivanja je ostvariv kao kompleksni set standardnih SAP funkcionalnosti
- Za korištenje modela su potrebne napredne vještine rada i snalaženja u SAP okruženju
- Za menadžersko korištenje model se mora dodatno prilagoditi za jednostavnije korištenje; za takvu prilagodbu je na raspolaganju ABAP programiranje u svrhu automatizacije procesa i/ili izrade menadžerskog portala
- Menadžerski portal bi predstavljao jedinstveni ekran s olakšanim pristupom standardnim funkcijama modela
    - Model konfiguracije
    - Izračun troškova
    - Provjera raspoloživosti osnovnih materijala
    - Provjera raspoloživosti proizvodnih kapaciteta
- Za uspostavu novog procesa donošenja odluka je potrebno oformiti posebni projekt sa sljedećim glavnim zadacima:
    - Prilagodba postojećih matičnih podataka
    - Aktiviranje standardne funkcionalnosti varijantne konfiguracije
    - Kreiranje specifičnih konfiguracijskih struktura
    - Definiranje i prilagodba simulacijske okoline
    - Izrada menadžerskog portala
    - Obuka menadžera za razumijevanje i korištenje modela

Vezano uz ovu temu, istraživanje na području energetskih transformatora je dovelo do dva zaključka:

- *Poslovni softver za planiranje resursa SAP ERP je primjenjiv za potrebe kreiranja novog modela poslovnog odlučivanja tvornice transformatora.*
- *Da bi novi model bio primjenjiv za menadžersku upotrebu, potrebne su dodatne dorade i dopune postojećih standardnih funkcionalnosti.*

6.4.   Mogućnosti za nastavak istraživanja

Rad na navedenoj temi se može nastaviti u dva glavna smjera:

- znanstvena istraživanja
- projektne aktivnosti

Znanstvena istraživanja se mogu nastaviti u dva osnovna smjera:

- nastavak rada na poboljšanju modela za izračun osnovnih dimenzija transformatora
    - kreiranje detaljnijih modela po vrstama transformatora
    - uključivanje proračuna kotla radi točnijeg izračuna potrebne količine ulja
- proširivanje modela za izračun osnovnih dimenzija na rotacijske električke strojeve
    - asinkroni strojevi
    - sinkroni strojevi
    - istosmjerni strojevi

Projektno implementacijski radovi se mogu usmjeriti na tri osnovna područja:

- optimiranje modela za izračun proizvodne cijene
    - povećanje točnosti izračuna jediničnih cijena proizvodnih aktivnosti
    - izbor proizvodnih operacija ključnih za izračun cijene
- optimiranje modela za planiranje proizvodnih kapaciteta
    - izbor proizvodnih operacija ključnih za izračun idealnog datuma završetka proizvodnje
    - definiranje proizvodnog kalendara i pojedinačnih kapaciteta ključnih radnih mjesta i proizvodnih linija
- izrada portala kao osnovnog alata za menadžere pri donošenu odluka
    - povezivanje svih dijelova modela
    - dodatna obuka menadžera za korištenje portala i razumijevanje modela

7.   LITERATURA

[1]   Sikavica, P., Hunjak, T., Ređep, N. B., Hernaus, T., „Poslovno odlučivanje", Školska knjiga, Zagreb, 2014.

[2]   Garvin, D. A., Roberto. M. A., „What you don't know about making decisions", in On making smart decisions, Harward Business Review Press, Boston, 2013, pp. 75-94

[3]   Rao, R. V., „Decision making in the Manufacturing Environment", Springer-Verlag, London, 2007.

[4]   Sikavica, P., Bebek, B., Skoko, H., Tipurić, D., „Poslovno odlučivanje", Informator, Zagreb, 1999.

[5]   Majdandžić, N., „Izgradnja informacijskih sustava proizvodnih poduzeća", Sveučilište J. J. Strossmayera, Osijek, 2004.

[6]   Hammomd, J. S., Keeney, R. L., Raiffa, H., „The Hidden Traps in Decision Making", in On making smart decisions, Harward Business Review Press, Boston, 2013, pp. 1-20

[7]   Hruska, D., „Radical Decision making", Palgrave MacMillan, New York, 2015.

[8]   Spurgin, A. J., Stupples, D. W., „Decision – making in high risk organizations under stress conditions", CRC Press, Boca Raton, 2017.

[9]   Rogers, P., Blenko, M., „Who has the D?", in On making smart decisions, Harward Business Review Press, Boston, 2013, pp. 1-20

[10]   Hodgkinson, G. P., Sparrow, P. R., „The Competent Organization", Open University Press, Buckingham, 2002.

[11]   Chen, K. Y., Lee. H. Y., Tu. S, „Study on User's Satisfaction of Enterprise Resource Planning System - An Example of Manufacturing", 2016 International Symposium on Computer, Consumer and Control (IS3C), 2016., pp. 1010 - 1013

[12]   Šimunović, K., Šimunović G., Havrlišan, S., Pezer, D., Svalina, I., „The Role of ERP system in business process and education", Technical Gazette, Vol 20/No .4, pp. 711-719

[13]   Lee, C. K. M., Zhang, L., Lee, P. X., AU, K. O., „Using ERP systems to transform business processes: a case study at a precession engineering company", International Journal of Engineering Business Management, Vol. 1, No. 1, pp. 19-24

[14]   Nad, J., Vrazic M., „Analytical model of electrical machines in business software", Technical Gazette, ISSN 1330-3651, Online: ISSN 1848-6339, Vol. 25/No. 2

[15]   Botelho, E. L., Powell, K. R., Kincaid, S., Wang, D.: What sets successful CEOs apart, Harward Business Review, May-June 2017, pp. 70 – 77

[16]   Nađ, J., Vražić M., „Decision making in transformer manufacturing companies with help of ERP Business software", Proceedings of XV-th International Conference on Electrical Machines, Drives and Power Systems ELMA2017, Sofia, 2017., pp. 379-382

[17]   Xinxin, Z., Weiping, Y., „Research on the information integrated model of ERP and ABC in the environment of project manufacturing", Proceedings of 3rd International conference on Information management, Innovation management and Industrial engineering, Kunming, China, 2010., pp. 180-183

[18]   Sedgley, D. J., Jackiw, C. F., „The 123s of ABC in SAP"; Wiley, New York, 2001.

[19]   Jordan, J., „Product Cost Controlling with SAP", Galileo Press, Boston, 2012.

[20]   Heathcote, M. J., „J & P Transformer Book", Elsevier, Oxford, 2007.

[21]   Hyundai Power Transformers, dostupno na: http://www.hyundai-elec.com
http://www.hyundai-elec.com/ko/jsp/common/download.jsp?t=DWN&f=/ko/data/pdf/Transformer(E).pdf&o=Transformer(E).pdf.

[22]   Akhtar, J., „Production Planning and Control with SAP ERP", Galileo Press, Boston, 2013.

[23]   Dolenc, A., „Asinhroni strojevi", Sveučilište u Zagrebu, 1967.

[24]   Krause, P., Wasynczuk, O., Sudhoff, S., Pekarek, S., „Analysis of Electric Machinery and Drive Systems", IEEE Press, Piscataway, 2013.

[25]   Nađ, J., Uštede energije i povećanje pouzdanosti primjenom reguliranog elektro-motornog pogona; Magistarski rad, FER Zagreb 1998.

[26]   Blumohr, U., Munch, M., Ukalovic, M., „Variant Configuration with SAP", Galileo Press, Boston, 2012.

[27]   Kühnhauser, K-H., Franz, T., „Discover ABAP: Your Introduction to ABAP Objects", Galileo Press, Boston, 2011.

[28]   Dolenc, A., „Transformatori I i II", Sveučilište u Zagrebu, 1987.

[29]   Nasar, S., „Electric Machines and Electromechanic", Shaum's Outline of Theory and Problems, McGraw-Hill, New York, 1998.

[30]   Wang, Q., Janghorban, S., Yu, X., Holmes, G., „Computer-aided power transformer design: a short review", Proceedings of Australasian Universities Power Engineering Conference AUPEC 2013, Hobart, Australia, 2013.

[31]   Del Vecchio, R. M, Poulin, B., Feghali, P. T., Shah, D. M., Ahuja, R., „Transformer Design Principles", CRC Press, Boca raton, 2010.

[32]   Agarwal, R. C., „Transformers - Design procedures", in Transformers, Bharat Heavy Electricals Limited, McGraw Hill, New York, 2005, pp. 198-226

[33]   Deshpande, M. V., „Design and testing of Electrical Machines", PHI Learning, New Delhi, 2011.

[34]   De Lange B., Puntoni S., Larrick R.: Linear thinking in a nonlinear world, Harward Business Review, May-June 2017, pp. 130-139

[35]   Boldea, I., Tutelea, L., „Electric Machines Steady State, Transients and Design with Matlab", CRC Press, Boca Raton, 2010.

[36]   Georgilakis, P. S., „Spotlight on Modern Transformer Design", Springer-Verlag, London, 2009.

[37]   KPT, Design Review Data Example, 2015.

[38]   Snapp, S., „Constrained Supply and Production Planning in SAP APO", SCM Focus Press, Las Vegas, 2013.

[39]   Simon, H. A., „The sciences of the Artificial", The MIT press, Cambridge, 1996.

[40]   Laguna, M., Marklund, J., „Business Process Modeling, Simulation and Design", CRC Press, Boca Raton, 2013.

8. DODACI

8.1. Računske mogućnosti kod formula u radnim centrima

Aritmetičke funkcije:

- zbrajanje   ... +
- oduzimanje   ... -
- množenje   ... *
- dijeljenje   ... /

Trigonometrijske funkcije:

- sinus   ... SIN
- kosinus   ... COS

Cjelobrojno dijeljenje:

- cijeli broj pri dijeljenju   ... DIV
- ostatak pri dijeljenju   ... MOD

Ostale funkcije:

- drugi korijen   ... SQRT
- eksponencijalna funkcija   ... EXP
- logaritam   ... LOG

8.2.　Računske mogućnosti kod karakteristika i zavisnosti

Aritmetičke funkcije:

- zbrajanje　　　　　　...　　+
- oduzimanje　　　　　...　　-
- množenje　　　　　　...　　*
- dijeljenje　　　　　　...　　/

Trigonometrijske funkcije:

- sinus　　　　　　　...　　sin
- kosinus　　　　　　...　　cos
- tangens　　　　　　...　　tan
- arkus sinus　　　　...　　arcsin
- arkus kosinus　　　...　　arccos
- arkus tangens　　　...　　arctan

Ostale funkcije:

- drugi korijen　　　　　　...　　sqrt
- eksp. funkcija za bazu e　...　　exp
- logaritam za bazu 10　　　...　　log10
- prirodni logaritam　　　　...　　ln
- apsolutne vrijednosti　　　...　　abs
- decimalni dio broja　　　　...　　frac
- predznak　　　　　　　　...　　sign

8.3. Popis slika

8.4. Popis formula

(1) do (4):   Sustav naponskih jednadžbi asinkronog stroja

(5) do (6):   Jednadžbe za statička stanja asinkronog stroja

(7) do (8):   Fazorske naponske jednadžbe asinkronog stroja

(9):   Klizanje asinkronog stroja

(10):   Ulazna impedancija asinkronog stroja

(11):   Moment asinkronog stroja

(12):   Struja statora asinkronog stroja

(13):   Struja rotora asinkronog stroja

(14):   Ukupna reaktancija statora asinkronog stroja

(15):   Ukupna reaktancija rotora asinkronog stroja

(16):   Ekvivalentna snaga praznog hoda (zavisnost Z_FER_C03)

(17):   Otpor kratkog spoja (zavisnost Z_FER_C04)

(18):   Reaktancija kratkog spoja (zavisnost Z_FER_C05)

(19):   Otpor statora (zavisnost Z_FER_R01)

(20):   Preračunati otpor rotora (zavisnost Z_FER_R02)

(21):   Otpor R0 (zavisnost Z_FER_R03)

(22):   Rasipna reaktancija (zavisnost Z_FER_R04)

(23):   Reaktancija statora (zavisnost Z_FER_R05)

(24):   Preračunata reaktancija rotora (zavisnost Z_FER_R06)

(25):   Hopkinsov faktor rasipanja 6_1

(26):   Prekretno klizanje s_{pr}

(27):   Prekretni moment M_{pr}

(28):   Elektromagnetski moment M_e

(29):   Struja rotora I_2'

(30):   Ekvivalentna fazna struja sekundarne strane (zavisnost Z_FER_121)

(31):   Kut između napona i struje sekundarne strane (zavisnost Z_FER_122)

(32):   Ekvivalentna impedancija sekundarne strane (zavisnost Z_FER_123)

(33):   Kut impedancije sekundarne strane (zavisnost Z_FER_124)

(34):   Zbirni kut $\varphi + \vartheta$ (zavisnost Z_FER_125)

(35):   Inducirani napon (Zavisnost Z_FER_126)

(36):   Kut induciranog napona (Zavisnost Z_FER_127)

(37):   Struja magnetiziranja (Zavisnost Z_FER_128)

(38):   Kut struje magnetiziranja (Zavisnost Z_FER_129)

(39):   Radna komponenta struje praznog hoda (Zavisnost Z_FER_130)

(40):   Kut radne komponente struje praznog hoda (Zavisnost Z_FER_131)

(41):   Struja praznog hoda (Zavisnost Z_FER_132)

(42):   Kut struje praznog hoda (Zavisnost Z_FER_133):

(43):   Struja primarne strane (Zavisnost Z_FER_134):

(44):   Kut struje primarne strane (Zavisnost Z_FER_135):

(45):   Napon primarne strane (Zavisnost Z_FER_136)

(46):   Kut napona primarne strane (Zavisnost Z_FER_137)

(47):   Gubici uzrokovani strujom I1 i otporom R1 (Zavisnost Z_FER_141)

(48):   Gubici uzrokovani strujom Ir i otporom R0 (Zavisnost Z_FER_142)

(49):   Gubici uzrokovani strujom I2 i otporom R2 (Zavisnost Z_FER_143)

(50):   Faktor korisnosti (Zavisnost Z_FER_145)

(51):   Fazna struja VN (zavisnost Z_FER_21)

(52):   Fazna struja NN (zavisnost Z_FER_22)

(53):   Presjek vodiča VN (zavisnost Z_FER_23)

(54):   Presjek vodiča NN (zavisnost Z_FER_24)

(55):   Napon po zavoju (zavisnost Z_FER_25)

(56):   Broj zavoja VN strane (zavisnost Z_FER_26)

(57):   Broj zavoja NN strane (zavisnost Z_FER_27)

(58):   Presjek jezgre (zavisnost Z_FER_31)

(59):   Promjer jezgre (zavisnost Z_FER_32)

(60):   Površina prozora (zavisnost Z_FER_33)

(61):   Širina prozora (zavisnost Z_FER_34)

(62):   Visina prozora (zavisnost Z_FER_35)

(63):   Promjer namota NN (zavisnost Z_FER_41)

(64):   Visina namota NN (zavisnost Z_FER_42)

(65):   Srednji promjer namota NN (zavisnost Z_FER_43)

(66):   Promjer namota VN (zavisnost Z_FER_44)

(67):   Visina namota VN (zavisnost Z_FER_45)

(68):   Srednji promjer namota VN (zavisnost Z_FER_46)

(69):   Srednji promjer namota (zavisnost Z_FER_47)

(70):   Srednja visina namota (zavisnost Z_FER_48)

(71):   Relativna reaktancija (zavisnost Z_FER_51)

(72):   Radni otpor namota NN (zavisnost Z_FER_52)

(73):   Radni otpor namota VN (zavisnost Z_FER_53)

(74):   Ekvivalentni radni otpor namota (zavisnost Z_FER_54)

(75):   Relativni radni otpor namota (zavisnost Z_FER_55)

(76):   Relativna impedancija namota (zavisnost Z_FER_56)

(77):   Volumen željeza (zavisnost Z_FER_61)

(78):   Masa željeza (zavisnost Z_FER_62)

(79):   Masa namota NN (zavisnost Z_FER_63)

(80):   Masa namota VN (zavisnost Z_FER_64)

(81):   Masa bakra (zavisnost Z_FER_65)

(82):   Masa ulja (zavisnost Z_FER_66)

(83):   Linearna interpolacija za vrijeme rezanja lima

(84):   Minimiziranje mase aktivnih dijelova

(85):   Minimiziranje troškova aktivnih dijelova

(86):   Minimiziranje troška glavnih materijala
(87):   Minimiziranje troškova proizvodnje

8.5. Popis tablica

8.6. Popis korištenih skraćenica

ERP	...	Enterprise Resource Planning
SAP	...	Systems Applications and Products in data processing
PP	...	Production Planning
CO	...	Controlling
CO-ABC	...	Controlling - Activity Based Costing
LO-VC	...	Logistic - Variant Configuration
MRP	...	Material Requirements Planning
CRP	...	Capacity Requirements Planning
PDM	...	Product Data Management
PDP	...	Product Development Process
PLM	...	Product Lifecycle Management
CAD	...	Computer-Aided Design
CAM	...	Computer-Aided Manufacturing
CAE	...	Computer-Aided Engineering
ABAP	...	Advanced Business Application Programming
VN	...	Visokonaponska strana
NN	...	Niskonaponska strana

8.7.   ABAP programski kod za izradu grafova

Programski kod je korišten u poglavlju 3.1.4, za sliku 3.34. Kod je kreirao Davor Lukač, SAP konzultant iz Atosa.

```
report zgfw_prog_time_axis .

* data container
include gfw_dc_pres.

* text constants
include gfw_prog_text.

PARAMETERS: p_fname TYPE rlgrap-filename,
            p_title TYPE gfw_text LOWER CASE,
            p_footer TYPE gfw_text.

data: ok_code type sy-ucomm, firstcall type i,
      custom_container type ref to cl_gui_custom_container,
      dc_inst type ref to lcl_dc_pres,
      dc_manage type ref to if_dc_management,
      my_id_at_dc type i, retval type symsgno,
      gp_inst type ref to cl_gui_gp_pres.

types: BEGIN OF ty_excel,
         x TYPE string,
         y TYPE string,
       END OF ty_excel.

DATA: lt_itab TYPE STANDARD TABLE OF ty_excel.

start-of-selection.

CALL FUNCTION 'UPLOAD_XLS_FILE_2_ITAB'
  EXPORTING
    I_FILENAME        = p_fname
  TABLES
    E_ITAB            = lt_itab
          .

* USAGE allowed in SAP internal test reports, only
  include applg_auto_test_init.

call screen 100.

* USAGE allowed in SAP internal test reports, only
  include applg_auto_test_form.

*&---------------------------------------------------------------------*
*&      Module  PBO_0100  OUTPUT
*&---------------------------------------------------------------------*
*       text
*----------------------------------------------------------------------*
module pbo_0100 output.
  set pf-status '100'.
  retval = cl_gfw=>ok.
  if firstcall is initial.
*    create, initialize and fill data container
```

```abap
    create object dc_inst.
    dc_manage = dc_inst.
    call method dc_manage->init importing id = my_id_at_dc
                                          retval = retval.
    if retval <> cl_gfw=>ok.
      call method cl_gfw=>show_msg exporting msgno = retval.
      clear dc_inst.
      clear dc_manage.
    else.
      perform fill_dc changing retval.
      if retval <> cl_gfw=>ok.
        call method cl_gfw=>show_msg exporting msgno = retval.
      else.
*       create a container on the dynpro
        create object custom_container exporting
                      container_name = 'CONTAINER'.
*       create, initialize and activate graphics proxy
        create object gp_inst.
        call method gp_inst->if_graphic_proxy~init
                exporting parent       = custom_container
                          dc           = dc_inst
                          prod_id      = cl_gui_gp_pres=>co_prod_chart
                          force_prod   = gfw_true
                importing retval       = retval.
        if retval = cl_gfw=>ok.
*         set dc attributes
          call method gp_inst->set_dc_names
                  exporting
                      obj_id    = 'OBJID'
                      dim1      = 'X_VAL'
                      dim2      = 'Y_VAL'
                      grp_id    = 'GRPID'
                      objref_id = 'CU_REFOBJ'
                  importing retval = retval.
        endif. "// set dc attributes

*       set customizing objects
        if retval = cl_gfw=>ok.
          perform set_customizing.
        endif.

        if retval = cl_gfw=>ok.
          call method gp_inst->if_graphic_proxy~activate
                              importing retval = retval.
        endif.
        if retval <> cl_gfw=>ok.
          call method cl_gfw=>show_msg exporting msgno = retval.
        endif.
      endif. "//fill_dc ok
      firstcall = 1.
    endif. "//create and init dc ok
  endif.

* **** distribute changes (to all subscribed graphics proxies)
  if not dc_manage is initial.
    call method dc_manage->distribute_changes
                      importing retval = retval.
    if retval <> cl_gfw=>ok.
      call method cl_gfw=>show_msg exporting msgno = retval.
    endif.
  endif.
```

```abap
* USAGE allowed in SAP internal test reports, only
  perform auto_test_pbo using 'EXIT'.
endmodule.                        " PBO_0100  OUTPUT

*&---------------------------------------------------------------------*
*&      Module  PAI_0100  INPUT
*&---------------------------------------------------------------------*
*       text
*----------------------------------------------------------------------*
module pai_0100 input.
  ok_code = sy-ucomm.
* activate event analysis of object-oriented Control Framework
  call method cl_gui_cfw=>dispatch.
* handle other events
  case ok_code.
    when 'BACK'.
      call method gp_inst->if_graphic_proxy~free
                                importing retval = retval.
      leave program.
    when 'EXIT'.
      call method gp_inst->if_graphic_proxy~free
                                importing retval = retval.
      leave program.
  endcase.

endmodule.                        " PAI_0100   INPUT

*&---------------------------------------------------------------------*
*&      Form  FILL_DC
*&---------------------------------------------------------------------*
*       text
*----------------------------------------------------------------------*
*  -->  p1        text
*  <--  p2        text
*----------------------------------------------------------------------*
form fill_dc changing value(retval) type symsgno.
  data: obj type gfwdcpres.

  DATA ls_itab LIKE LINE OF lt_itab.

* fill dc with initial data
  if dc_manage is initial.
    retval = cl_gfw=>e_gp_dchandle.
    exit.
  endif.
  retval = cl_gfw=>ok.


  LOOP AT lt_itab INTO ls_itab.
    obj-objid = sy-tabix.
*   obj-grpid = co_gfw_prog_series1.
    obj-grpid = p_footer.
    obj-x_val = ls_itab-x.
    obj-y_val = ls_itab-y.

    call method dc_inst->set_obj_values
      exporting id      = my_id_at_dc
                obj     = obj
      importing retval = retval.
      if retval <> cl_gfw=>ok. exit. endif.
```

```abap
  ENDLOOP.
endform.                          " FILL_DC

*&---------------------------------------------------------------------*
*&      Form  SET_CUSTOMIZING
*&---------------------------------------------------------------------*
*       text
*----------------------------------------------------------------------*
*  -->  p1        text
*  <--  p2        text
*----------------------------------------------------------------------*
form set_customizing.
  data:
    bundle_drawing type ref to cl_cu_drawing_area,
    bundle_axis_x type ref to cl_cu_axis,
*     BUNDLE_SCALE1_X TYPE REF TO CL_CU_SCALE,
*     BUNDLE_SCALE2_X TYPE REF TO CL_CU_SCALE,
    bundle_display type ref to cl_cu_display_context,
    bundle_values1 type ref to cl_cu_values,
    bundle_values2 type ref to cl_cu_values,
    bundle_point type ref to cl_cu_point.

* set default display context
  create object bundle_display exporting instance_id = 'GFWTA'.

* set background color
  call method bundle_display->if_customizing~set
    exporting attr_id = cl_cu_display_context=>co_bg_clr_plt_id
              value   = 18. " grey

* disable lines
  call method bundle_display->if_customizing~set
    exporting attr_id = cl_cu_display_context=>co_bl_style
              value   = 1. " no line

* tell the proxy where to use the bundle
  call method gp_inst->if_graphic_proxy~add_cu_bundle
    exporting port   = if_graphic_proxy=>co_port_diagram
              bundle = bundle_display
    importing retval = retval.

* drawing area (used to set chart title)
  create object bundle_drawing exporting instance_id = 'GFWTA'.

* set title
  call method bundle_drawing->if_customizing~set
    exporting attr_id = cl_cu_drawing_area=>co_title
              value   = p_title.

* tell the proxy where to use the bundle
  call method gp_inst->if_graphic_proxy~add_cu_bundle
    exporting port   = if_graphic_proxy=>co_port_chart
              bundle = bundle_drawing
    importing retval = retval.

* values (group 1)
  create object bundle_values1 exporting instance_id = 'GFWTA1'.

* prepare display context for values
  create object bundle_display exporting instance_id = 'dummy'.
```

```abap
* set color of line and markers
  call method bundle_display->if_customizing~set
    exporting attr_id = cl_cu_display_context=>co_bl_clr_plt_id
              value   = 3. " blue
  call method bundle_display->if_customizing~set
    exporting attr_id = cl_cu_display_context=>co_mr_bg_clr_plt_id
              value   = 3. " blue

* copy display context into values
  call method bundle_values1->if_customizing~set
    exporting attr_id = cl_cu_values=>co_curve_context
              value   = bundle_display.

* set chart type
  call method bundle_values1->if_customizing~set
    exporting attr_id = cl_cu_values=>co_style
              value   = 34. " xy scatter

* tell the proxy where to use the bundle
  call method gp_inst->if_graphic_proxy~add_cu_bundle
    exporting port  = if_graphic_proxy=>co_port_chart
*             key   = co_gfw_prog_series1
              key = p_footer
              bundle = bundle_values1
    importing retval = retval.

* values (group 2)
  create object bundle_values2 exporting instance_id = 'GFWTA2'.

* prepare display context for values
  create object bundle_display exporting instance_id = 'dummy'.

* set color of line and markers
  call method bundle_display->if_customizing~set
    exporting attr_id = cl_cu_display_context=>co_bl_clr_plt_id
              value   = 3. " blue
  call method bundle_display->if_customizing~set
    exporting attr_id = cl_cu_display_context=>co_mr_bg_clr_plt_id
              value   = 3. " blue

* copy display context into values
  call method bundle_values2->if_customizing~set
    exporting attr_id = cl_cu_values=>co_curve_context
              value   = bundle_display.

* set chart type
  call method bundle_values2->if_customizing~set
    exporting attr_id = cl_cu_values=>co_style
              value   = 27. " xy scatter

* tell the proxy where to use the bundle
  call method gp_inst->if_graphic_proxy~add_cu_bundle
    exporting port  = if_graphic_proxy=>co_port_chart
              key   = co_gfw_prog_series2
              bundle = bundle_values2
    importing retval = retval.

* point (used to create a gap in series 1)
  create object bundle_point exporting instance_id = 'GFWTA'.

* prepare display context for point
```

```abap
  create object bundle_display exporting instance_id = 'dummy'.

* disable line segment
  call method bundle_display->if_customizing~set
    exporting attr_id = cl_cu_display_context=>co_bl_style
              value   = 1. " no line

* set color of marker
  call method bundle_display->if_customizing~set
    exporting attr_id = cl_cu_display_context=>co_mr_bg_clr_plt_id
              value   = 7. " red

* copy display context into values
  call method bundle_point->if_customizing~set
    exporting attr_id = cl_cu_point=>co_display_context
              value   = bundle_display.

* tell the proxy where to use the bundle
  call method gp_inst->if_graphic_proxy~add_cu_bundle
    exporting port   = if_graphic_proxy=>co_port_chart
              key    = co_gfw_prog_objid_4
              bundle = bundle_point
    importing retval = retval.

* primary x-axis
  create object bundle_axis_x exporting instance_id = 'GFWTA_X'.

* prepare display context for axis title
  create object bundle_display exporting instance_id = 'dummy'.

* disable axis title
  call method bundle_display->if_customizing~set
    exporting attr_id = cl_cu_display_context=>co_visibility
              value   = gfw_false.

* copy display context into axis
  call method bundle_axis_x->if_customizing~set
    exporting attr_id = cl_cu_axis=>co_title_context
              value   = bundle_display.

* set date/time axis
  call method bundle_axis_x->if_customizing~set
    exporting attr_id = cl_cu_axis=>co_scale_style
              value   = 5. " date/time axis

* enable scrollbar
*   call method bundle_axis_x->if_customizing~set
*     exporting attr_id = cl_cu_axis=>co_day_width_auto
*               value   = gfw_false.
*   call method bundle_axis_x->if_customizing~set
*     exporting attr_id = cl_cu_axis=>co_day_width
*               value   = 300.

* tell the proxy where to use the bundle
  call method gp_inst->if_graphic_proxy~add_cu_bundle
    exporting port   = if_graphic_proxy=>co_port_chart_x_prim_axis
              bundle = bundle_axis_x
    importing retval = retval.
```

```
* The following scale bundles can be used to customize all time bar
* settings (e.g. start date, day width etc.)

* The first scale bundle the gp gets (via add_cu_bundle) is used
* for all settings of the minor scale.
* The second scale bundle the gp gets is used for all settings of
* the major scale.
* If you set only one scale bundle the gp uses it for both scales,
* minor and major.

** x-axis minor scale
*   CREATE OBJECT BUNDLE_SCALE1_X EXPORTING INSTANCE_ID = 'GFWTA_X1'.
*   CALL METHOD GP_INST->IF_GRAPHIC_PROXY~ADD_CU_BUNDLE
*     EXPORTING PORT   = IF_GRAPHIC_PROXY=>CO_PORT_CHART_X_PRIM_AXIS
*               BUNDLE = BUNDLE_SCALE1_X
*     IMPORTING RETVAL = RETVAL.
*
** x-axis major scale
*   CREATE OBJECT BUNDLE_SCALE2_X EXPORTING INSTANCE_ID = 'GFWTA_X2'.
*   CALL METHOD GP_INST->IF_GRAPHIC_PROXY~ADD_CU_BUNDLE
*     EXPORTING PORT   = IF_GRAPHIC_PROXY=>CO_PORT_CHART_X_PRIM_AXIS
*               BUNDLE = BUNDLE_SCALE2_X
*     IMPORTING RETVAL = RETVAL.

endform.                         " SET_CUSTOMIZING
```